# 去观察学编程

## 春之园的发现

李雁翎　匡　松　主编

何　珺　顾培蒂　编著

電子工業出版社

Publishing House of Electronics Industry

北京 • BEIJING

## 内容简介

本书的目的是让小朋友通过观察身边的现象或者发生的事件，学习利用计算思维把在植物园中观察到的事物用程序表达出来，从而培养他们的编程思维习惯。

本书故事内容以笑笑和萌萌来到植物园寻找植物、进行详细的观察为主线，展开讲解。本书一共包含10章内容，从笑笑和萌萌走入植物园看到温室大棚开始，寻找四叶草、向日葵、含羞草和捕蝇草，并对这些植物的外观、形态、动作进行观察和模仿。在观察植物的同时，他们还注意到植物园里飞舞的蝴蝶和藏在树叶下的变色龙等。最后，笑笑和萌萌在孔雀园学习了如何召唤孔雀和让孔雀开屏。



图书在版编目（CIP）数据

去观察学编程：春之园的发现 / 李雁翎，匡松主编；何珺，顾培蒂编著. — 北京：电子工业出版社，2021.9

ISBN 978-7-121-41886-0

Ⅰ.①去…　Ⅱ.①李…②匡…③何…④顾…　Ⅲ.①程序设计－儿童读物　Ⅳ.①TP311.1-49

中国版本图书馆CIP数据核字(2021)第175705号

责任编辑：孙清先
印　　刷：北京天宇星印刷厂
装　　订：北京天宇星印刷厂
出版发行：电子工业出版社
　　　　　北京市海淀区万寿路173信箱　　邮编：100036
开　　本：787×1 092　1/16　印张：14.25　字数：228.00千字
版　　次：2021年9月第1版
印　　次：2021年9月第1次印刷
定　　价：68.00元

凡所购买电子工业出版社图书有缺损问题，请向购买书店调换。若书店售缺，请与本社发行部联系，联系及邮购电话：（010）88254888，88258888。

质量投诉请发邮件至zlts@phei.com.cn，盗版侵权举报请发邮件至dbqq@phei.com.cn。

本书咨询联系方式：（010）88254509，765423922@qq.com。

# 序

在中国改革开放初期，邓小平提出："计算机普及要从娃娃抓起。"30余年过去，这句高瞻远瞩的话要更加落实到孩子的身上。

如今，我们不但进入了信息社会，而且正在迈入一个高水平的信息社会。人工智能，以及能满足智能制造、自动驾驶、智慧城市、智能家居、智慧学习等高质量生活方式需求的第5代移动通信技术，正在向我们走来。在我看来，这个新时代，正是从娃娃开始就要学习和掌握人工智能的时代，也是我们将邓小平的科学预言付诸行动、加以实现的时代。

我们的后代，一定是在高科技环境中成长的。从他们的少儿时期和中小学时期开始，一定要对他们进行良好的、基本的计算思维训练和程序设计训练，培养他们适应生活的综合能力。

让孩子较早接触"编写程序"活动，通过对程序设计的学习，使孩子建立计算思维习惯和信息化生存能力，将对他们的人生产生深远的影响。

2017年7月，国务院印发《新一代人工智能发展规划》，提出"实施全民智能教育项目，在中小学阶段设置人工智能相关课程，逐步推广编程教育，鼓励社会力量参与寓教于乐的编程教学软件、游戏的开发和推广"。2018年1月，教育部"新课标"修订，正式将物联网、人工智能、大数据处理等列为普通高中"新课标"内容。

为助力更多的孩子实现编程梦，推动编程教育，由李雁翎教授和匡松教授担任主编，北京师范大学、东北师范大学等高校的青年教师编著了这套图书。这套书立意新颖、结构清晰，具有适合少儿编程教育的特色。

"讲故事学编程""去观察学编程""解问题学编程"的情境创意设计，针对性强，知识内容丰富，寓教于乐，是基础教育阶段教学的好教程，也是孩子进入"编程世界"的好向导。

我愿意把这套书推荐给大家。

陈国良

2021年7月27日

# 前 言

小朋友，你有没有注意过地上的蚂蚁是怎么搬家的？漂亮花瓣儿是怎么合在一起形成一朵美丽的花儿的？还有天上的鸟儿是怎么快乐地飞翔的？它们的行为方式有什么特点和规律呢？我们能用编程的方法模仿它们的形态和动作，并呈现到计算机屏幕上吗？我们从小就学着用画笔把我们看见的和想到的美丽事物画在图纸上，但它们是不会动的。如果想把一个动态的过程展现在屏幕上，我们就需要对这个过程进行“编程”。通过这本书，我们可以边“观察”边学习“编程”。

“编程”是人与计算机之间的交流方式，也就是“编写程序”。如果希望计算机做一件事情，就得通过计算机能够读懂的“语言”告诉计算机该做什么、怎么做，而这些“语言”被人们写成一条一条的指令，然后计算机就会按照这些指令去完成人交给它的任务。在这本书里，小朋友跟着笑笑和萌萌一起去参观植物园，寻找和观察有趣的动物和植物，并将它们以计算机“看得懂”的指令形式表现出来。在寻找和观察的过程中，小朋友会了解什么是“程序”、“程序”是怎么“编写”的，明白“程序”是怎么体现在那些趣事中的。

本书的读者对象是小学三年级的小朋友，本书的编写目的是让你们通过观察学习编程。作者在内容的安排上更注重对事物表面现象的描述和复制，在传授小朋友编程技能的同时，也希望你们能够对周围的环境和事物进行细致的观察。作者在设计和编写本书的故事时，充分结合了自己与孩子游览植物园的经历，希望更真实地展现小朋友在游览植物园时的好奇心和乐趣，让编程思维更贴近小朋友的生活。作者在对观察的植物进行筛选时，选择了一些生长习性比较有趣的植物，并且查阅了植物的相关资料，尽最大努力保证相关内容科学、严谨，让此书不仅仅是一本编程书，也是一本介绍动物和植物知识的课外读物。

本书能够出版要感谢东北师范大学李雁翎教授、北京师范大学孙波教授和西南财经大学匡松教授的精心策划、组织和指导，还要感谢插画师刘杨在图画展示方面的辛勤付出，感谢姜晓琪和钟荣在内容编辑和程序创作方面的辛苦付出，感谢电子工业出版社编辑孙清先在编校方面所做的工作。正是严谨而积极的团队合作才促成了本书的问世。在这里，要特别感谢顾培蒂老师的宝贝 Jasmine Chu，是她给了我们创作的灵感，从她那里我们能更真实地观察和体会儿童的行为举止，从而使本书的内容更生动、真实。

由于本书除介绍编程知识，还介绍了一些动物和植物知识，作者已尽最大努力保证相关知识的科学性和权威性，但受时间、精力和认知水平所限，本书难免存在不足，恳请读者批评、指正。

本书编著者：何珺　顾培蒂

2021 年 3 月 18 日

# 目 录

孔雀园

孔雀园

本书提供配套的资源文件，读者可以登录华信教育资源网（www.hxedu.com.cn），注册并登录后，在网页的搜索栏输入本书的书名，即可免费下载。在获取配套资源时，如遇到问题，请联系电子工业出版社（E-mail:hxedu@phei.com.cn），也可致电本书咨询电话（010）88254509。

# 温暖的春之园

笑笑和萌萌探访植物园温室大棚的故事。温室大棚是一座透明玻璃房，在大棚里，他们感受到温室内外温度的差异,发现通过温控按钮让“春之园”温暖如春的秘密。

植物园是科学家用来采集、种植和研究各种植物的科研场所。通常，植物园会根据不同植物的生长特性进行区域划分，有的植物喜欢温暖的气候，而有的植物喜欢寒冷的气候；有的植物喜欢阴凉的地方，而有的植物则喜欢强烈的阳光；有的植物喜欢在水里生长，而有的植物喜欢干燥的沙漠。当然啦！科学家在设计植物园的时候，也会考虑到园林的美观问题。因此，植物园不仅是一个科研场所，同时也为人们提供了一个可以休闲娱乐的地方。

周末到了，萌萌和笑笑相约去完成老师布置的实践作业——观察和寻找植物园里的植物。在课堂上，老师让同学们选择自己需要寻找的植物。萌萌和笑笑选择的植物是向日葵、四叶草、含羞草和捕蝇草，他们决定去植物园里探索和寻找这四种植物。于是，两个小伙伴一大早就背着旅行包，带着植物图片向植物园出发了。

萌萌和笑笑来到植物园，没走几步，就看到一座透明玻璃房。从外面看进去，一片五颜六色的花草映入眼帘，特别漂亮。他们兴奋地走进玻璃房，顿时便感觉里面像春天般暖和，正当他们好奇为什么室内需要这么暖和的温度的时候，迎面走来了一位满面笑容的讲解员。

讲解员说："小朋友，欢迎来到'春之园'。有关于植物园的疑问，可以随时问我。"

萌萌说："谢谢阿姨！这里的花一直都这么鲜艳吗？这里一直都这么暖和吗？"

讲解员说："小朋友，一年有春、夏、秋、冬四季。在每一个季节里，你们有什么不一样的感受呢？"

笑笑说："春天有些凉，但是慢慢地，天气越来越暖和了，我们能看到树叶发芽，果树开花；夏天天气比较炎热，好像没有那么多花儿了；秋天又变得凉爽了，果树上的果子开始成熟了；冬天变得冷起来了，有的树都掉光了叶子。"

讲解员说："是的。其实，花草跟我们也会有一样的感受。春天和秋天的温度在10~20摄氏度，花草会觉得舒服，会"开心"、会"笑"；冬天，温度很低，现在室外温度是−15摄氏度，花草也会觉得冷，会躲起来，等待春天的到来。夏天，温度太高，它们会觉得热，会没精神。所以，为了让植物园里面的树木、花草一直保持健康的生长状态，我们建造了适合它们生长的恒温大棚'春之园'。小朋友，请看这边的按钮。"讲解员带着萌萌和笑笑来到一排按钮和一块显示屏前面，继续说："这里有一个大棚温度演示屏，上面有1个温度状态指示器，会显示温度是否适合植物生长；还有4个'四季'按钮和1个温控按钮。当按下'四季'按钮时，就会显示四季场景和温度状态。温度低、植物枯萎的时候，我们按下温控按钮，让这里暖和起来；温度高、植物发蔫的时候，我们按下温控按钮，这里就会凉快起来，植物就会重新精神起来。这样就实现了利用空调控制这里的温度，保证里面的植物在它们合适的环境下生长。这个恒温大棚里面的植物都是偏热带的植物，它们都喜欢生长在温暖的地方。”

萌萌说:“原来是这样，即使在冬天，我们也可以看到漂亮的花草了。谢谢阿姨！”

讲解员说:“不用客气，小朋友！”

笑笑说:“阿姨，我还想问一个问题。我们要找向日葵、含羞草、捕蝇草和四叶草，请问这些都能在这个恒温大棚里找到吗？”

讲解员说:“没问题，小朋友。这些植物都能在这个大棚里面找到，不过你们需要非常仔细地去寻找哦。另外，植物园来了新朋友，只要找到了四种植物，就可以进入‘孔雀园’，召唤孔雀，看看你们能不能让美丽的孔雀开屏吧！”

萌萌和笑笑听到有奖励都特别兴奋，于是赶紧去寻找漂亮的植物，他们的探寻之旅正式开始啦。

## 1.1 演示程序

温度过高，很多植物会枯萎；温度过低，大部分植物也会凋零。点击“温控”按钮调节温度，让植物恢复茂盛的样子。扫描右边的二维码，看一看编程实现的效果吧！

点击屏幕运行程序，点击四季按钮，观察大棚内的植物有什么变化。为了让树木花草恢复成茂盛的样子，我们可以点击“温控”按钮进行调节，赶紧试试吧！

## 1.2 解锁编程技能

编完这个程序，你将获得以下技能：

(1) 创建角色

(2) 设置造型

(3) 按钮控制

## 1.3 一步一步学编程

现在，我们一起来看看“春之园”是怎么通过编程实现的。

### 1.3.1 准备好编程资源

准备好相关编程资源，这个环节可以找家长或老师帮忙，但是，要记得文件存放的位置。

步骤一：将图书配套资源文件的压缩包到下载计算机。

步骤二：将资源文件解压缩，并保存到指定位置。

步骤三：打开第 1 章文件夹，确认包括以下文件：“第 1 章温暖的春之园 .cdc”“城市 . png”“春 .png”“夏 .png”“秋 .png”“冬 .png”“植物春 .png”“植物夏 .png”“植物秋 .png”“植物冬 .png”“植物茂盛 .png”。

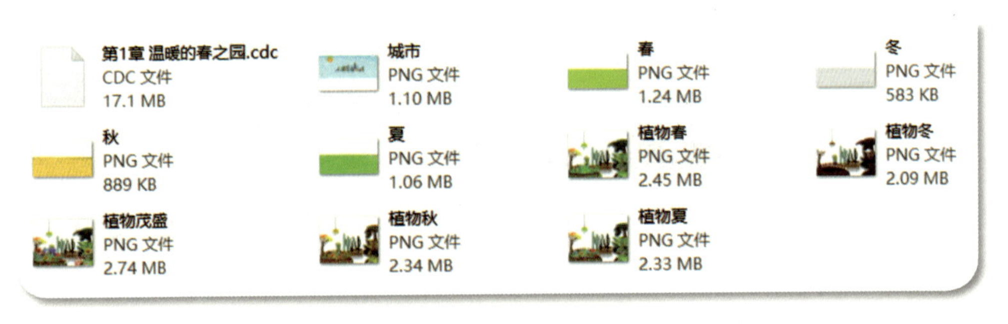


### 1.3.2 新建项目

点击菜单栏中的“文件”按钮，点选“新建”命令，然后在已选素材区点击“空白项目”图标。

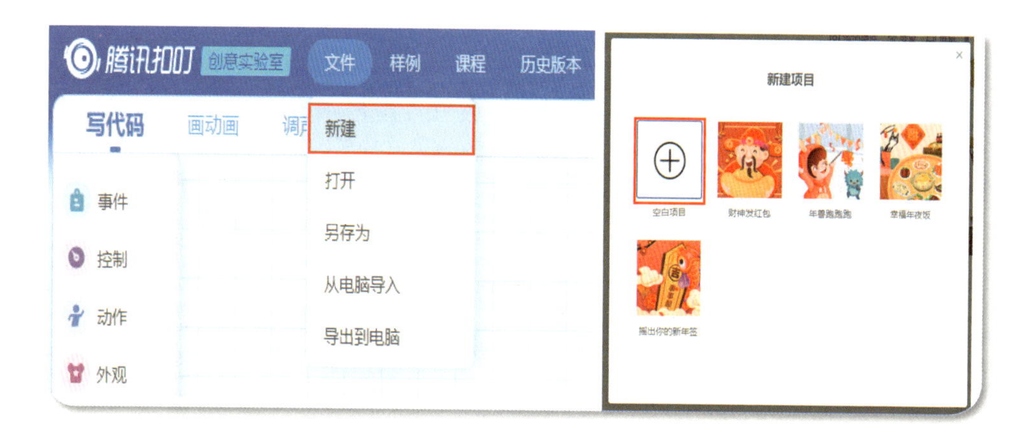


## 1.3.3 添加背景和角色

现在，我们来布置舞台背景，添加地面、树木、四季按钮与恒温按钮角色。

步骤一：布置舞台背景。

(1) 点击已选素材区“背景”右下角的编辑按钮，点击左侧的“本地上传”按钮，在弹出的“打开”对话框中，点选“城市”图标，然后点击“打开”按钮。

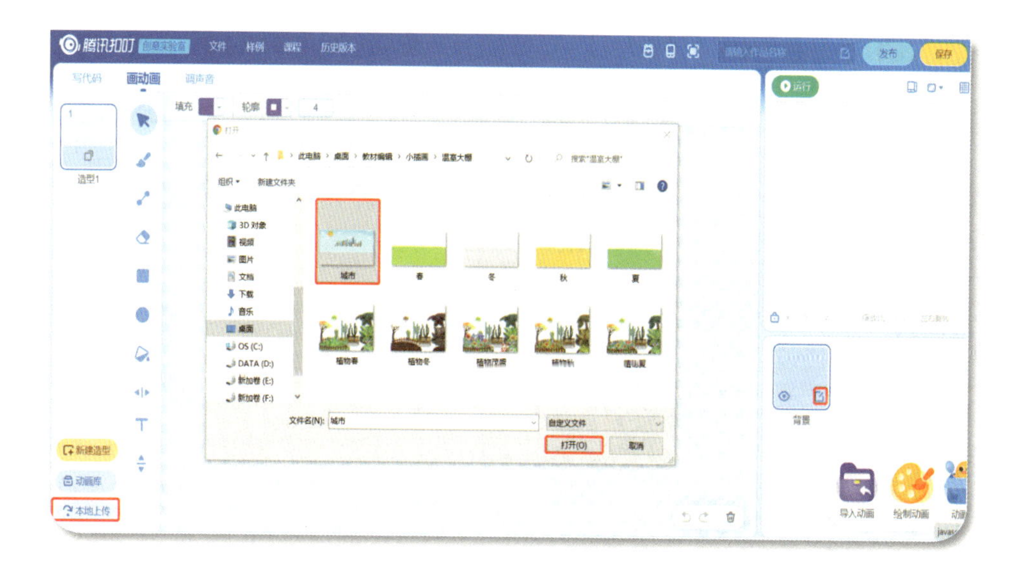

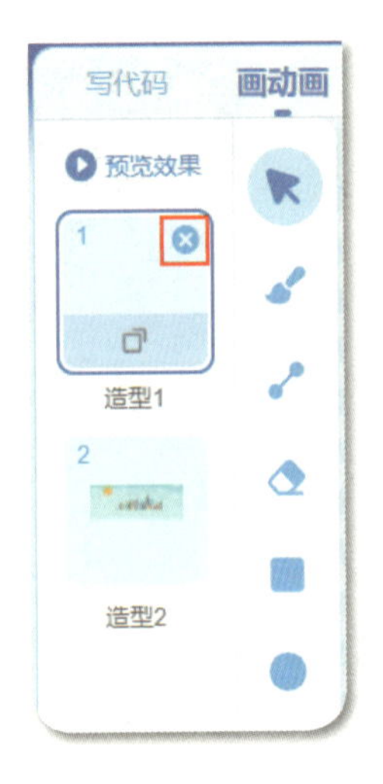


(2) 删除背景上的多余造型。将鼠标指针移到左侧“预览效果”中的造型 1 上，点击右上角的⊗按钮，即可删除“造型 1”。

步骤二：添加“地面”角色。

(1) 在已选素材区的下方，点击右下角的“导入动画”按钮，在弹出的“打开”对话框中，点选“春”图标，点击“打开”按钮。

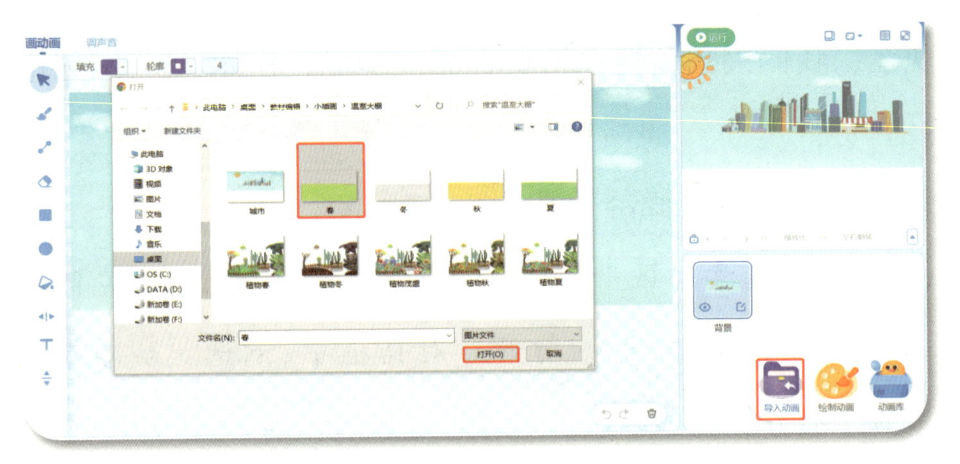

(2) 调整“春”图片的大小与位置。在右上角舞台预览区的底部，点选“y:”标签右侧的方框，输入数“–12”。此时，地面与背景衔接成功。

(3) 重命名角色。在已选素材区里，用鼠标点击“春”角色下方的文字，激活文字编辑模式，将角色命名为“地面”。

(4) 重命名造型。点击“地面”角色的编辑按钮，将鼠标指针移到“脚本编辑区”左侧“预览效果”中的造型 1 上，点击造型 1 图标下方的方框，输入“春”。

(5) 添加“地面”角色的第 2 个造型，并重命名造型。在“脚本编辑区”点击左下方的“本地上传”按钮，在弹出的“打开”对话框中，点选“夏”图标，点击“打开”按钮。

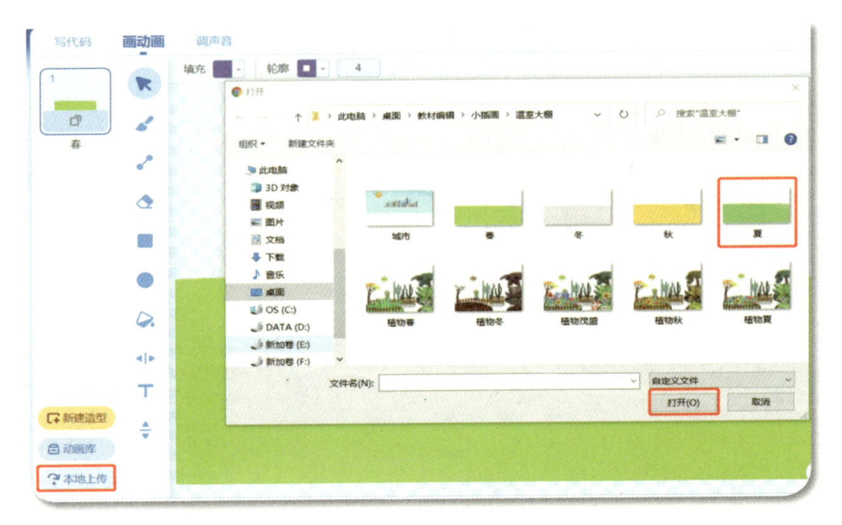

点选左侧造型1图片下方的方框，输入“夏”。

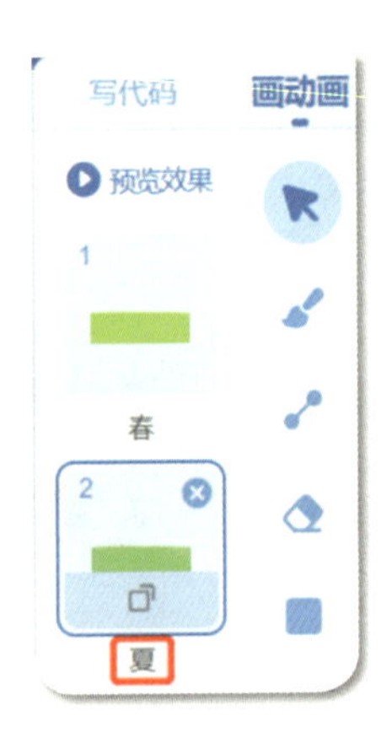

(6) 添加“地面”角色的其他造型，并重命名造型。类似步骤(5)，我们添加剩下两个地面造型“秋”和“冬”，并将新添加的两个地面造型分别命名为“秋”和“冬”。

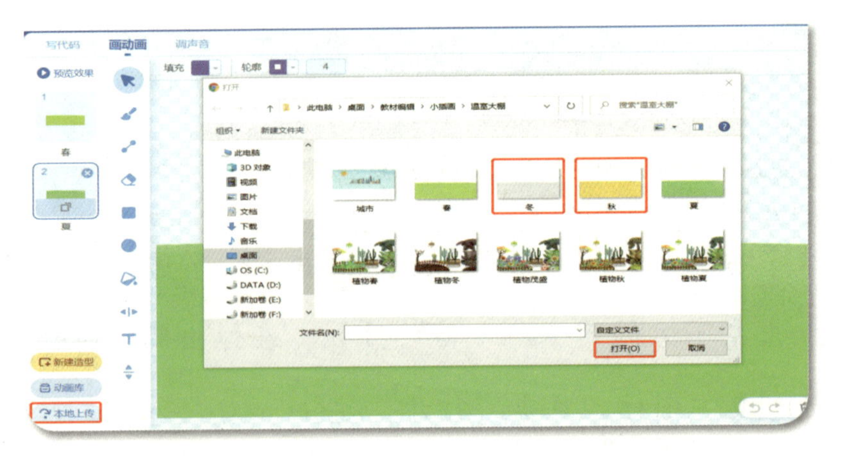

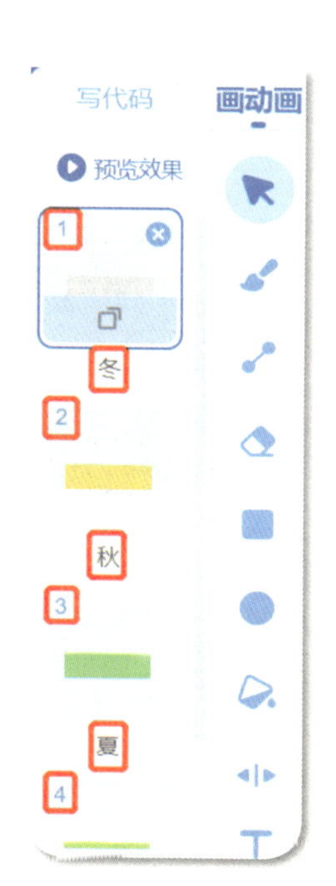


(7) 调整造型顺序。将鼠标指针放在左侧“秋”造型上，按住鼠标左键，拖动图标至“冬”造型下方。然后将鼠标指针放在“夏”造型上，按住鼠标左键，将它放到“秋”造型下方。最后将鼠标指针放在“春”造型上，按住鼠标左键，拖动图标至“夏”造型下方。

此时，四个造型的编号分别是:“冬”为 1,“秋”为 2,“夏”为 3,“春”为 4。小朋友注意，编号对接下来的编程步骤非常重要，一定要仔细检查。

步骤三：添加“树木”角色。

(1) 在已选素材区点击右下角的“导入动画”按钮，在弹出的“打开”对话框中，点选“植物春”图标，点击“打开”按钮。

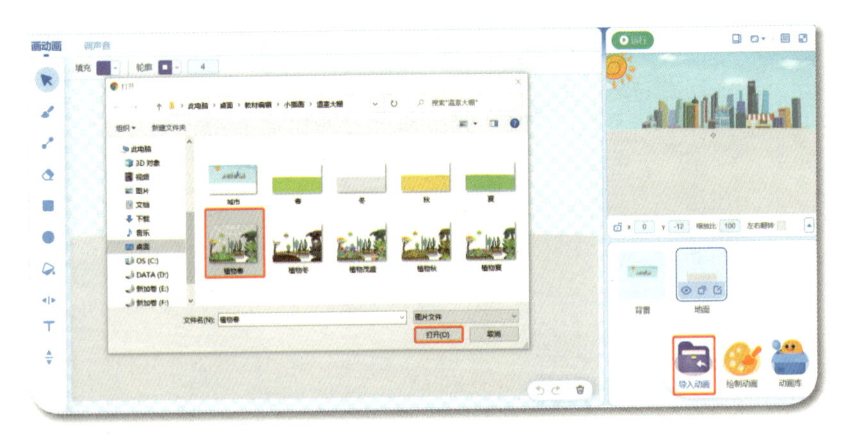

(2) 调整树木的大小与位置。在右上角舞台预览区的底部，点选“y:”标签右侧的方框，输入数“–8”；点击“缩放比：”标签右侧的方框，输入数“67”。此时，树木花草以合适的大小出现在舞台中间。

(3) 重命名角色。类似步骤二 (4)，在已选素材区将新建立的角色命名为“树木”。

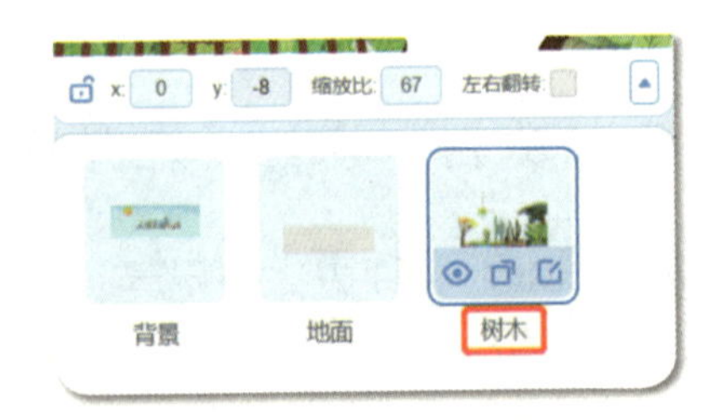

(4) 重命名造型。将脚本编辑区左侧“树木”角色的第1个造型重命名为“室内春”。

(5) 依次添加“树木”角色的其余4个造型。在脚本编辑区点击左下方的“本地上传”按钮，在弹出的“打开”对话框中，点选“植物夏”“植物秋”“植物冬”“植物茂盛”这4个图标，点击“打开”按钮。

类似地，将它们依次命名为“室内夏”、“室内秋”、“室内冬”和“茂盛”。

(6) 调整造型顺序。将鼠标指针放在左侧“室内秋”造型上，按住鼠标左键，拖动图标至“室内冬”造型下方。接着将鼠标指针放在“室内夏”造型上，按住鼠标左键，将它放到“室内秋”造型下方。再将鼠标指针放在“室内春”造型上，按住鼠标左键，拖动图标至“室内夏”造型下方，最后“茂盛”造型在最下方。

此时，“树木”角色的造型顺序应为：1为“室内冬”，2为“室内秋”，3为“室内夏”，4为“室内春”，5为“茂盛”。

步骤四：制作四季按钮角色。

(1) 制作“春季”按钮。在已选素材区点击右下角的“动画库”按钮，点击“类别”中的“界面”图标，点选“蓝色方形按钮”，点击“确认添加”按钮。

(2) 在“脚本编辑区”的“画动画”面板中，点击“T”图标。点击“填充”标签旁的向下箭头，出现颜色界面，点选界面下方的

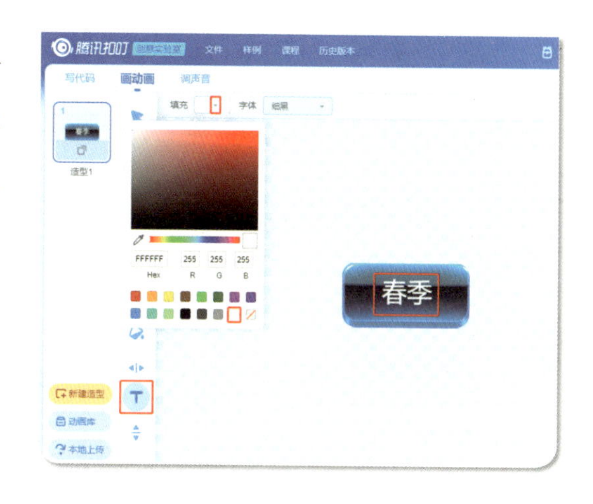


白色图标。点击按钮图像，输入文字“春季”，并用鼠标将文字框拖到按钮中间。这样，“春季”按钮角色就制作完成啦。

(3) 重命名角色。在已选素材区，找到“蓝色方形按钮”角色素材，点击角色下面的白框，再次点击角色名字，启动重命名功能，输入“春季”。

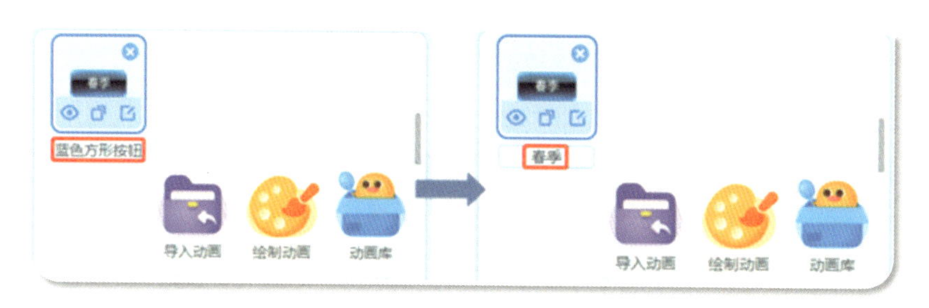


(4) 重复 (1) ~ (3) 步骤，制作剩下三个季节的按钮，并重命名角色。此时，我们得到了“春季”“夏季”“秋季”“冬季”四个按钮角色。

(5) 调整“春季”按钮的位置。在已选素材区点击“春季”角色素材，在右上角“舞台预览区”的底部，点击“x:”标签右侧的方框，输入数“-460”；点击“y:”标签右侧的方框，输入数“370”。

(6) 调整“夏季”按钮的位置。点击“夏季”角色素材，在右上角舞台预览区的底部，点击“x:”标签右侧的方框，输入数“-250”；点击“y:”标签右侧的方框，输入数“370”。

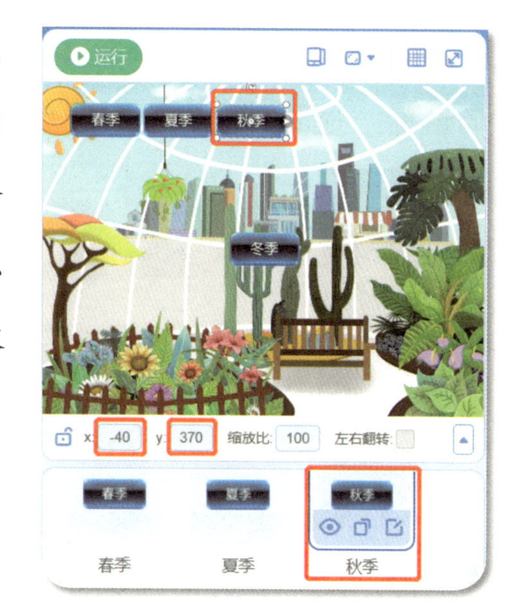


(7) 调整“秋季”按钮的位置。点击“秋季”角色素材，在右上角舞台预览区的底部，点击“x:”标签右侧的方框，输入数“–40”；点击“y:”标签右侧的方框，输入数“370”。

(8) 调整“冬季”按钮的位置。点击“冬季”角色素材，在右上角舞台预览区的底部，点击“x:”标签右侧的方框，输入数“180”。点击“y：”标签右侧的方框，输入数“370”。现在，四季按钮都已出现在舞台合适的位置。

**步骤五：** 制作“恒温”角色。

(1) 制作“温控”按钮。在已选素材区点击右下角的“动画库”

按钮，在左上方搜索框中输入文字“蓝色按钮”，点击搜索框右边的图标。选择“蓝色按钮”图标，点击“确认添加”按钮。

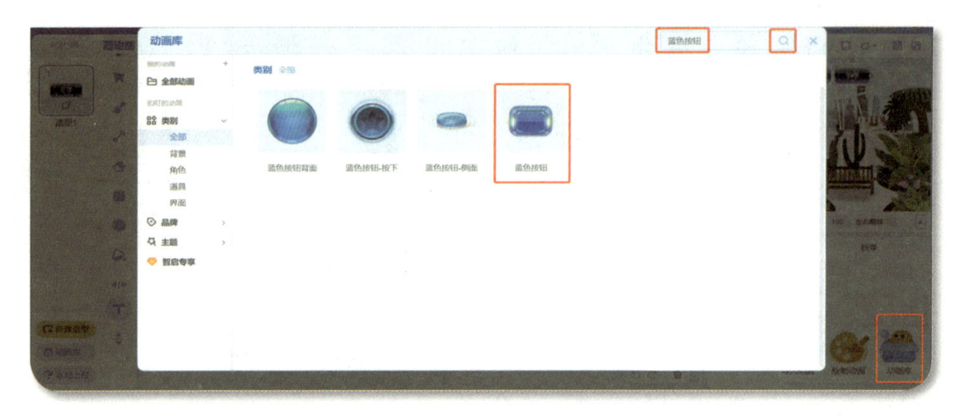


(2) 在“脚本编辑区”的“画动画”面板中，点击“T”图标。点击“填充”标签旁的向下箭头，出现颜色界面，选择界面下方的白色图标。点击按钮图像，输入文字“温控”，并用鼠标将文字框拖到按钮中间。这样，“温控”按钮就制作好了。

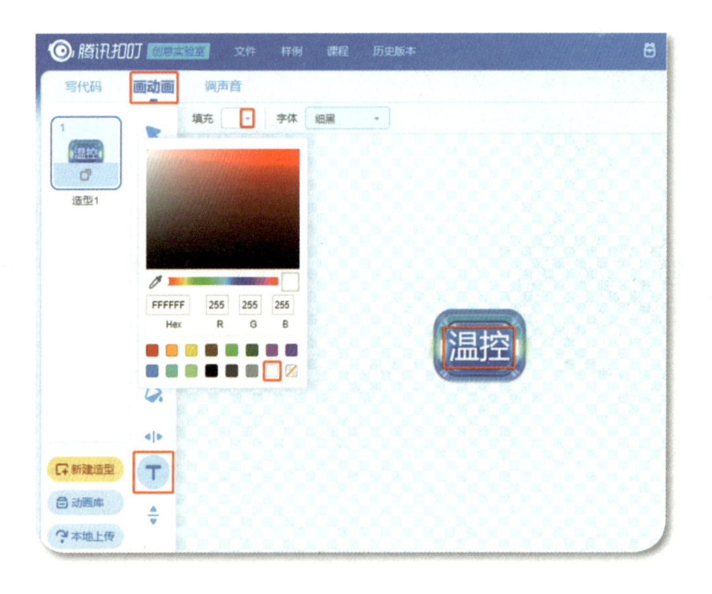


(3) 调整按钮的位置。在右上角舞台预览区的底部，点击“x:”标签右侧的方框，输入数“430”。点击“y:”标签右侧的方框，输入数“370”。此时，“温控”按钮出现在舞台合适的位置。

(4) 重命名角色。在已选素材区找到“蓝色按钮”角色素材，点击角色下面的白框，再次点击角色名字，启动重命名功能，输入文字“恒温”。

到这里，我们就完成了程序所需角色的创作，包括地面、树木，春、夏、秋、冬四季按钮和恒温按钮。下图为角色的布局形式。

## 1.3.4 编写程序

现在，我们开始对按钮及其响应事件进行编程。

步骤一：设置春季按钮程序。

(1) 点击已选素材区的“春季”角色素材，点击脚本编辑区上方的“写代码”标签按钮，将鼠标移至积木块类别区的“事件”类积木，在积木块选择区中找到积木 当角色被 点击 ，并把它拖曳到积木块编辑区。

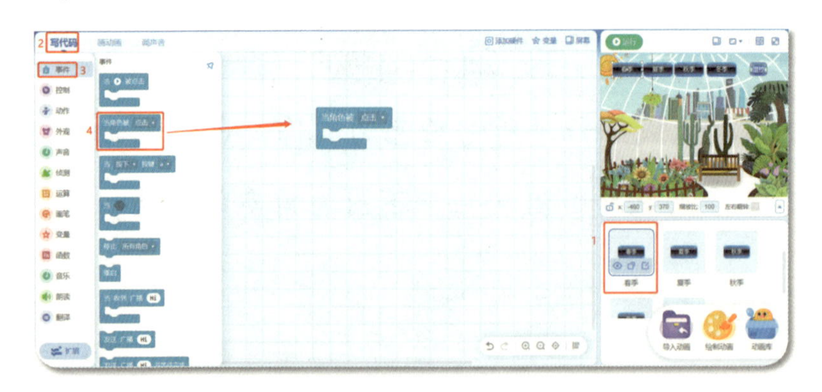

(2) 在积木块类别区的“控制”类积木中找到积木 ，并把它拖曳到 当角色被 点击 的肚子里。

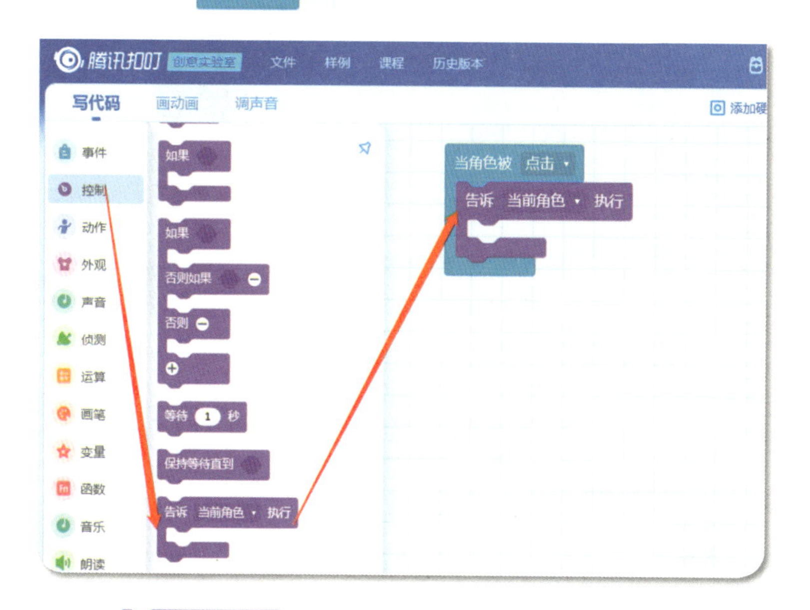


点击 告诉 当前角色 执行 中“当前角色”右侧的三角形箭头图标，在下拉菜单中点选“树木”角色选项。

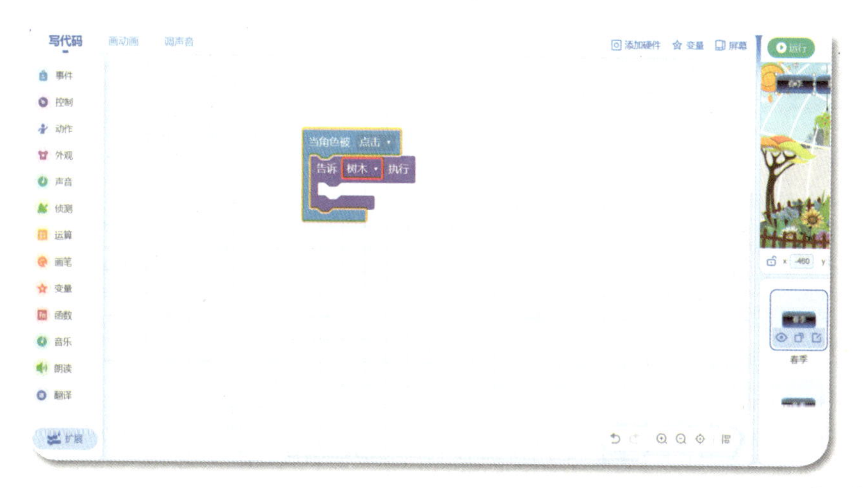


(3) 在积木块类别区的“外观”类积木中找到积木 切换到编号为 1 的造型，并把它拖曳到 告诉 树木 执行 的肚子里。点击 切换到编号为 1 的造型 中的白框，输入数“4”。这样，当点击“春季”按钮时，“树木”角色的外观就会切换到编号为 4 的造型“室内春”。

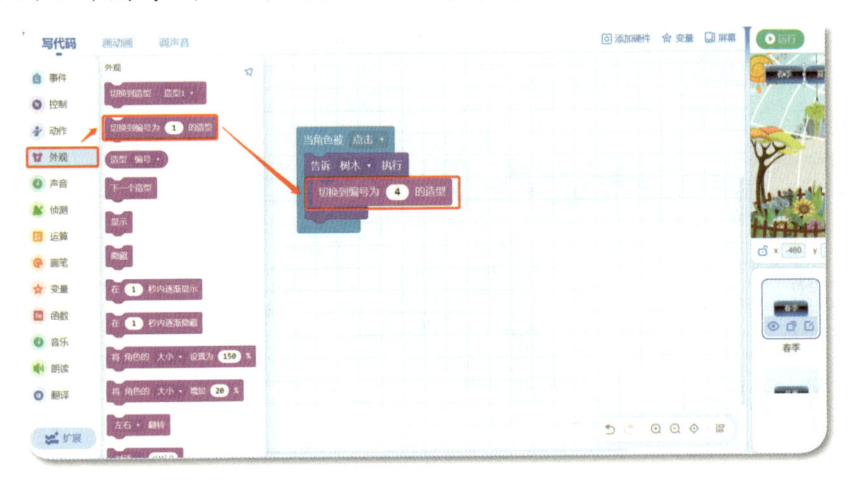


(4) 将鼠标移至积木块类别区的“控制”类积木，在积木块选择区中找到积木 告诉 当前角色 执行 ，拼接到积木 告诉 树木 执行 切换到编号为 4 的造型 的下方。

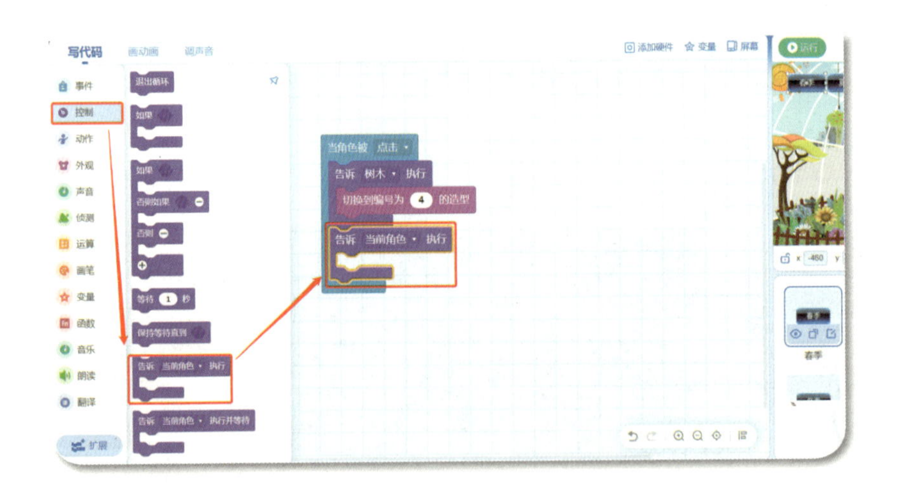


点击积木 告诉 当前角色 执行 中“当前角色”右侧的三角形箭头图标，在下拉菜单中点选“地面”命令。

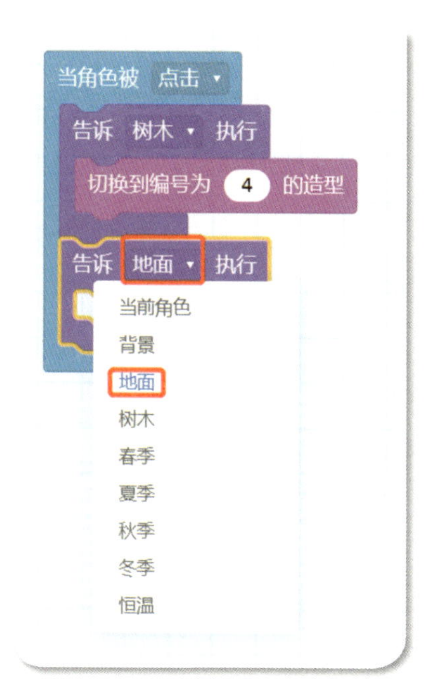


(5) 将鼠标移至积木块类别区的“外观”类积木，在积木块选择区中找到积木 切换到编号为 1 的造型，并把它拖曳到 告诉 地面 执行 的肚子里。点击 切换到编号为 1 的造型 中的白框，输入数“4”。此时，如果点击“春季”按钮，地面会切换到编号为 4 的造型“春”。

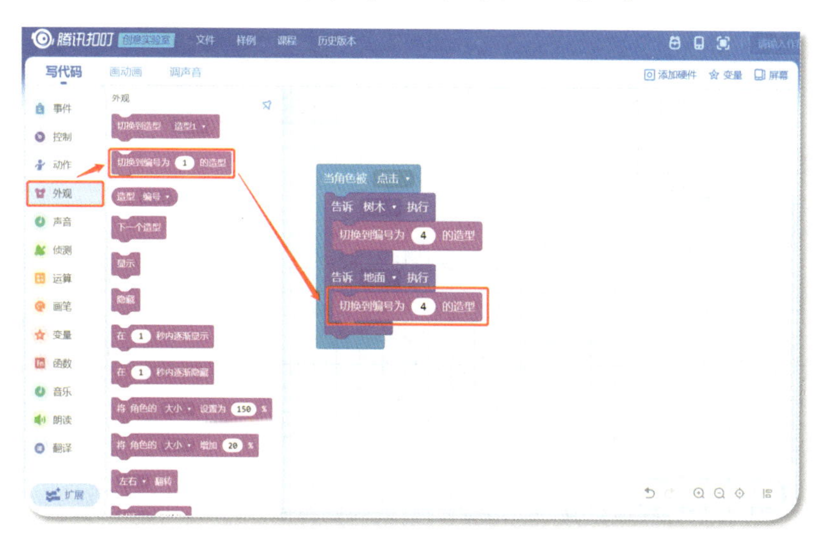


步骤二：设置“夏季”“秋季”“冬季”按钮程序。

(1) 复制春季按钮程序积木。将鼠标放在“春季”按钮积木块编辑区的最外框蓝色积木上，点击鼠标右键，选择“复制”命令。

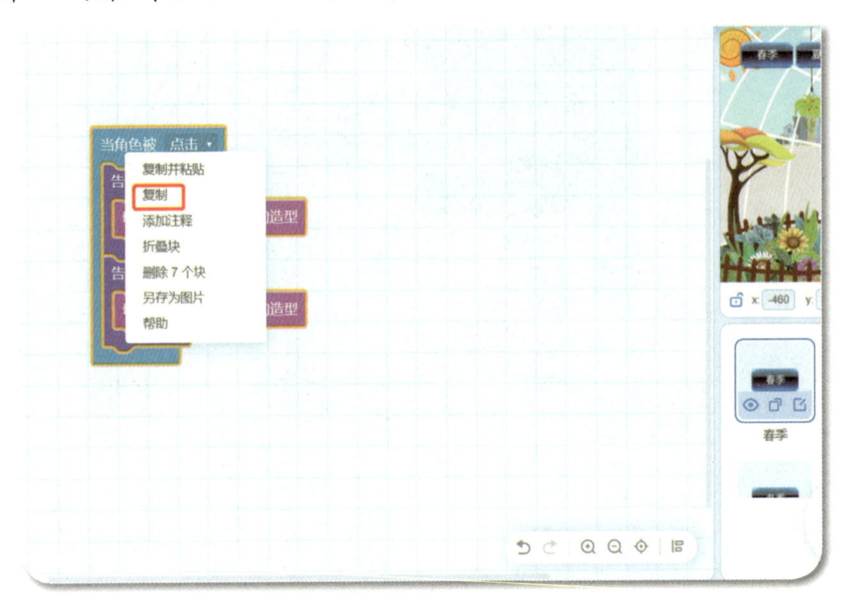


(2) 点击已选素材区的“夏季”角色素材，在积木块编辑区点击鼠标右键，点击“粘贴”命令，这样就把刚才复制的“春季”按钮的程序积木组粘贴到“夏季”按钮上了。

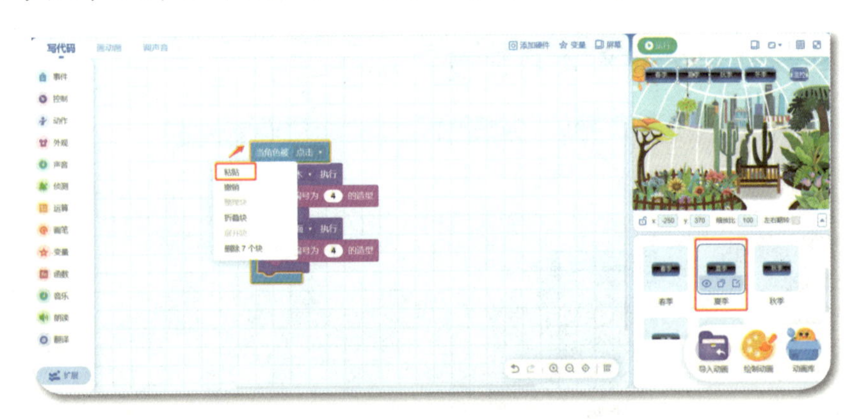

(3) 点击积木中的白框，依次输入相应的造型参数“3”，“3”。参数的设置可以根据小朋友自己制作的角色造型顺序进行相应的调整，目的是为了实现对应季节的地面与树木的外貌，展示相应的季节造型。

输入下图参数后，当我们点击“夏季”按钮时，“树木”角色就会切换到编号为3的“室内夏”造型，“地面”角色也会切换到编号为3的造型“夏”。

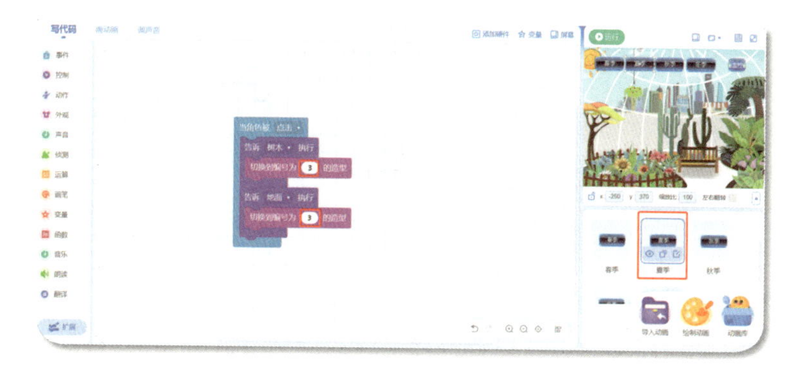

(4) 重复步骤(1)～(3)，将“春季”按钮程序积木组复制并粘贴到“秋季”角色里。

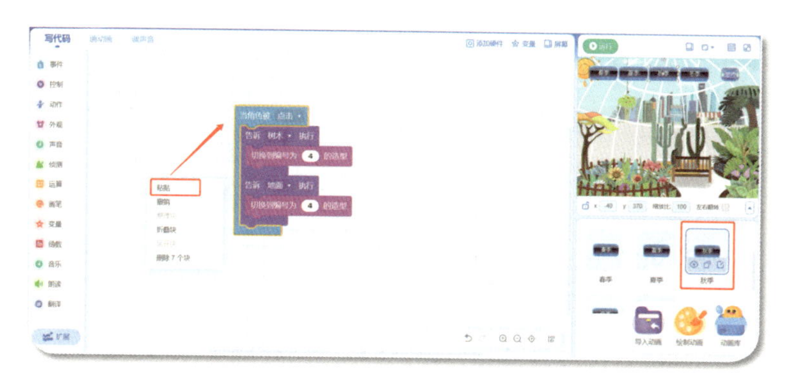

点击积木中的白框，依次输入相应的造型参数“2”，“2”。此时，如果点击“秋季”按钮，“树木”角色会切换到编号为2的“室内秋”造型，“地面”角色也会切换到编号为2的造型“秋”。

(5) 重复步骤 (1) ~ (3)，将“春季”按钮程序积木组复制并粘贴到“冬季”角色里。

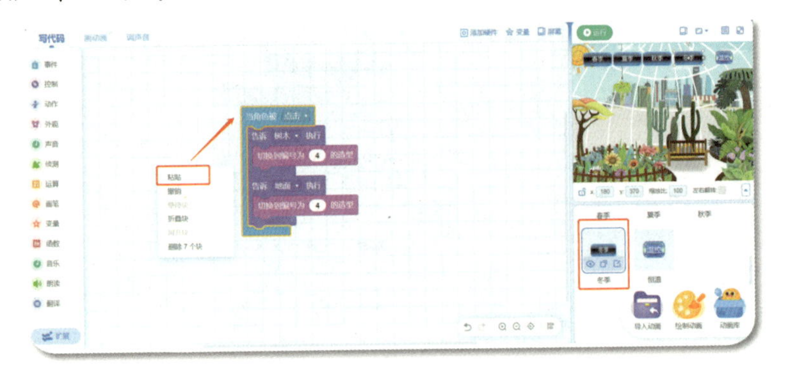

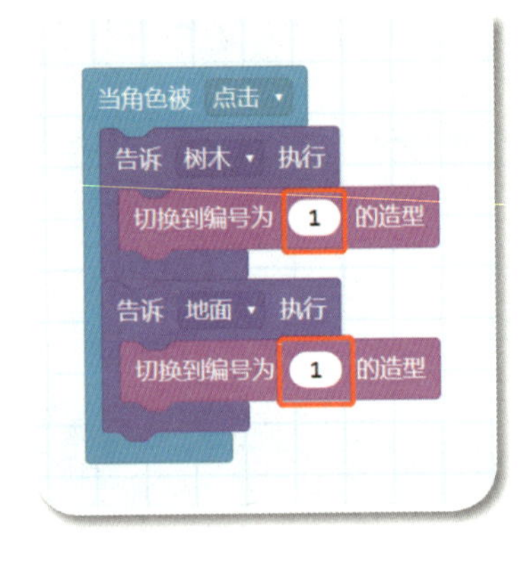


点击积木中的白框，依次输入相应的造型参数“1”、“1”。此时，如果点击“冬季”按钮，“树木”角色会切换到编号为1的“室内冬”造型，“地面”角色也会切换到编号为1的造型“冬”。

**步骤三：设置“温控”按钮程序。**

(1) 将“春季”按钮程序积木组复制、粘贴到“恒温”角色里。将鼠标放在“春季”按钮积木块编辑区的最外框蓝色积木上，点击鼠标右键，点选“复制”命令。点击已选素材区的“恒温”角色素材，在积木编辑区点击鼠标右键，点选“粘贴”命令。

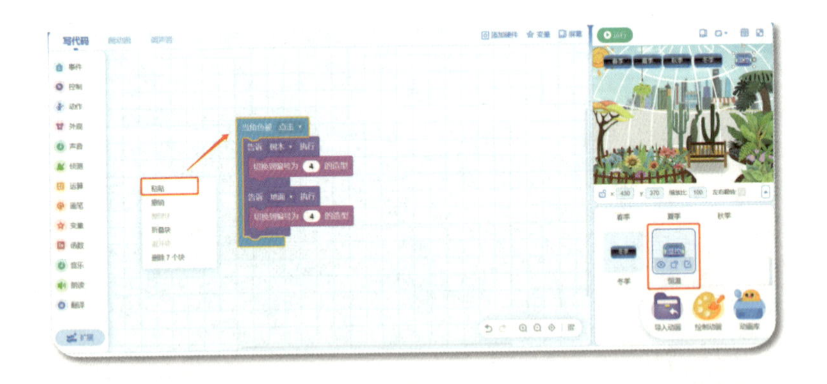

（2）删除多余积木。将鼠标放在积木 告诉 地面.png 执行 切换到编号为 4 的造型 的外框紫色积木上，点击鼠标右键，选择“删除 3 个块”命令。

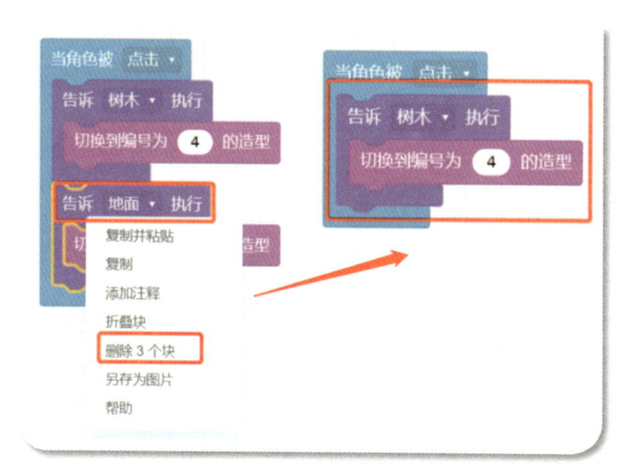


（3）点击积木中的白框，修改切换造型的数字为“5”，使“恒温”按钮被点击以后，“树木”角色造型切换到“茂盛”。

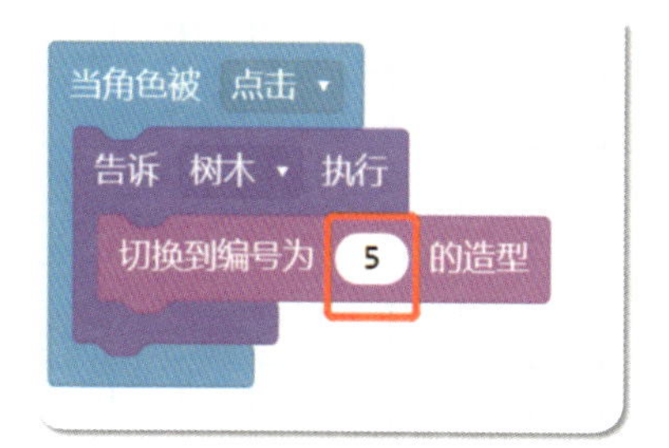


（4）在已选素材区点击“树木”角色，点选左侧“茂盛”造型。这样，在程序开始时，我们看到的就是温室内植物茂盛的场景了。

(5) 再次点击按钮“春季”，使按钮控件展现在植物图片之上。

这样，我们就完成了所有按钮程序的编写和外观的设置。

## 1.3.5 运行程序

点击舞台预览区左上角的“运行”按钮，开始演示动画。下面是运行前后的效果对比图。

1. 点击“春季”按钮。

室外温度适宜，草开始发芽，露出了嫩绿的颜色，室内有些花朵盛开了，但是，有些花朵还在“冬眠”呢。

2. 点击“夏季”按钮。

到了夏天，室外的草坪更绿了，而室内有更多的鲜花盛开。但是，因为天气太热，大棚内的树木受不了高温，开始发蔫了。

3. 点击“秋季”按钮。

秋天到了，草地变成了金黄色。在秋高气爽的时节，大棚内的一部分植物还很“开心”，但是，有的植物已开始凋谢枯萎。

4. 点击“冬季”按钮。

冬天太冷，外面下雪了。草地上铺了厚厚一层白雪。由于温度太低，树木大部分都枯萎了。

5. 为了让大棚内的植物全部展现茂盛的样子，我们需要点击“温控”按钮，室内的温度变回到适合植物生长的温度，于是，花草、树木都能保持健康茂盛的生长状态。

### 1.3.6 保存文件

完成了前面的编程，还要记得保存哦！首先登录腾讯扣叮账户，然后，点选菜单栏右边的 保存 按钮，程序就保存在腾讯扣叮账户里啦。如果想让其他小朋友也看到自己编写的程序，就点击 发布 按钮，这样我们的作品就发布在腾讯扣叮平台上了。

如果我们想把作品保存到本地电脑里，可以点击菜单栏左边的“文件”按钮，选择“导出到电脑”命令，刚刚完成的作品就下载到电脑中了。

## 1.4 编程之路

现在，我们一起来回顾这次编程之旅吧。

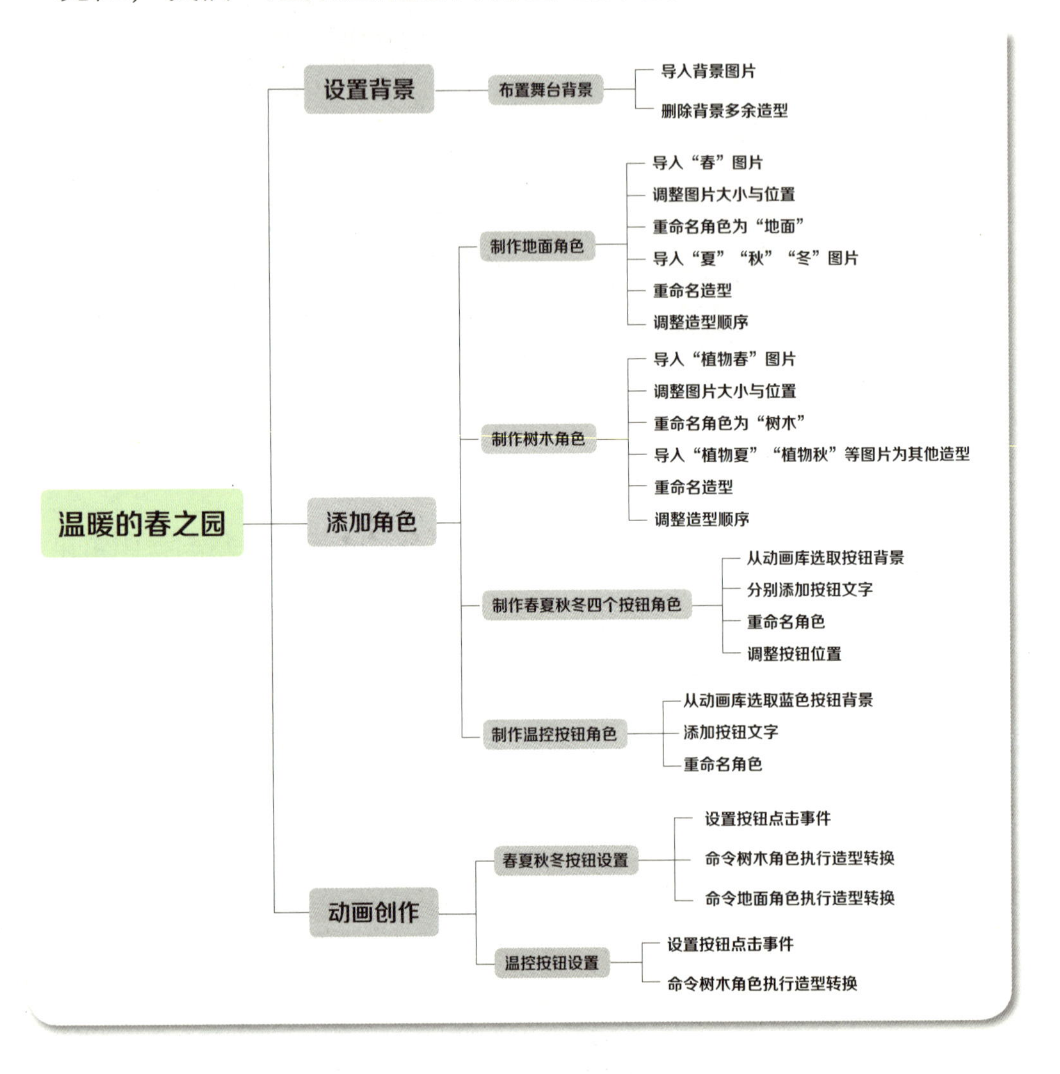

# 观察植物

笑笑和萌萌在讲解员的帮助下认识了菊花、兰花，还有美人蕉。

萌萌和笑笑一边走一边观察，周边有许多漂亮的花草。突然，笑笑看见了一团艳丽的花朵，就拉着萌萌兴奋地朝那些花朵跑过去，俩人都瞪大了眼睛看着数不胜数的花朵。

笑笑找来讲解员，问道："阿姨，请问那个圆咕隆咚但又有各种颜色的是什么花啊？"

讲解员说："那是一种菊花。菊花大多数都是圆的，有多种颜色，这里有紫色的、白色的和黄色的。"

笑笑说："菊花的花瓣可真多啊！"

萌萌说："对啊，花瓣多到我都数不清了。"

讲解员说："菊花是由很多小花组成的头状花序，小花有两种：一种为单具有雌蕊能授精的舌状花；另一种为常具有雌雄蕊的管状花。由这两种小花组成各种花型及花色，可分为单瓣菊、托盘菊、蓬蓬菊、装饰菊、标准菊等。"

"真的好有趣啊！"萌萌和笑笑异口同声地说。

笑笑指着一朵花说："这朵花好漂亮啊！花蕊是冲上的。"他俩走近一看，那朵花有五个花瓣，但旁边那个只有4个花瓣。笑笑抬头望了望讲解员阿姨，问道："阿姨，请问这是什么花呢？为什么有的有5个花瓣，有的只有4个呢？"

讲解员说："哦，那些是兰花，只是种类不同。有5朵花瓣的叫圣字蝴蝶兰，有4朵花瓣的叫叶蜂眉兰。虽然花瓣的数量不同，但你们仔细看看，它们是不是都长得差不多？"

两个小伙伴仔细观察着不同的兰花，虽然它们的颜色和花瓣的数量都不一样，但从形状和外观来说，的确长得非常像。

讲解员说:“这两种都是属于兰科植物，兰科植物现有约700属，20,000种。我国有171属1247种以及许多亚种、变种和变形。在这里，你们能看到的兰科植物就超过30种啦。”

笑笑开始数不同颜色和样子的兰花，在讲解员的帮助下，真的数出了30几种不同的兰花。

萌萌说:“那个兰花好像长得有点不一样哦，但也是4朵花瓣。”

讲解员说:“那个不是兰花，叫美人蕉，但它确实和兰花有点像。你们看它的花蕊是不是和兰花长得有点不一样呢？”

萌萌和笑笑仔细地对比着两种花蕊，果然它们长得有些不同。

讲解员说:“美人蕉原产于南美洲热带地区及亚洲热带地区。它的根茎富含淀粉，可以做菜、熬汤。”

两个小伙伴惊呼道:“没想到它还能吃啊！真的是太有意思了。”

小朋友，你能在计算机屏幕上画出一些漂亮的花和树叶，并给它们填上美丽的颜色吗？试试看吧！

## 2.1 演示程序

我们观察到花心是圆形的，花瓣都是椭圆形的，花瓣排列在花心外一圈，绿色的叶子都在花茎的两侧，每一片叶子上还有清晰的叶脉纹路。扫描右边的二维码，看看编程实现的效果是怎样的。

接着，点击屏幕中的 ▶运行 按钮运行程序，小朋友，你看到这些漂亮的花儿了吗？

## 2.2 解锁编程技能

编完这个程序，你将获得以下新技能：

(1) 使用画笔

(2) 绘制造型

(3) 复制图形

(4) 旋转图形

# 2.3 一步一步学编程

小朋友，我们现在一起来看看这些美丽的花朵是怎么画出来的吧。

## 2.3.1 准备好编程资源

需要准备好相关编程资源，这个环节可以找家长或老师帮忙哦，但是，要记得文件存放的位置。

步骤一：将图书配套资源文件的压缩包下载到计算机。

步骤二：将资源文件解压缩并保存到指定位置。

步骤三：打开其中的第 2 章文件夹，确认包括“观察植物 .cdc”文件。

观察植物.cdc

## 2.3.2 新建项目

接下来，我们要开始画花朵啦！点击菜单栏中的“文件”按钮，点选“新建”命令，然后在已选素材区点击“空白项目”图标。

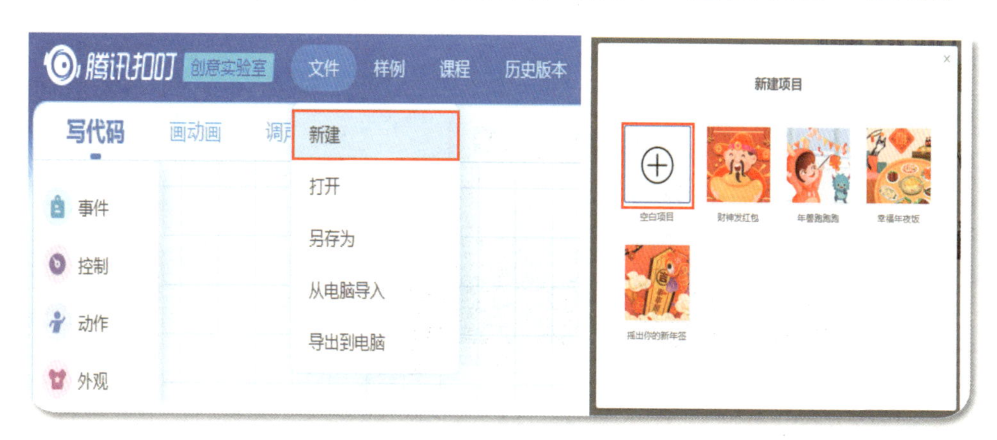

### 2.3.3 添加背景和角色

点击已选素材区的“绘制动画”图标，出现空白画布界面。

### 2.3.4 编写程序

**步骤一：** 画花盘。

(1) 在画布左侧的工具栏里选择圆形画笔工具，点击“填充”标签右侧的向下箭头，出现颜色选择框，选择颜色为褐色；点击“轮廓”标签右侧的向下箭头出现颜色选择框，选择颜色为黑色。

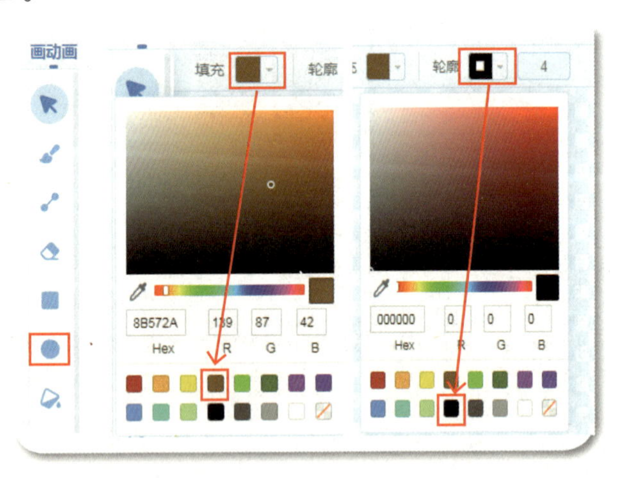

(2) 把鼠标放在画布的中间，按下鼠标左键，拖动鼠标。画出一个圆形花盘，然后放开鼠标。

步骤二：画花瓣。

(1) 点击圆形画笔工具 ，点击“填充”标签右侧的箭头，在颜色选择框中选择颜色为黄色；点击“轮廓”标签右侧的箭头，在颜色选择框中选择颜色为“取消”。

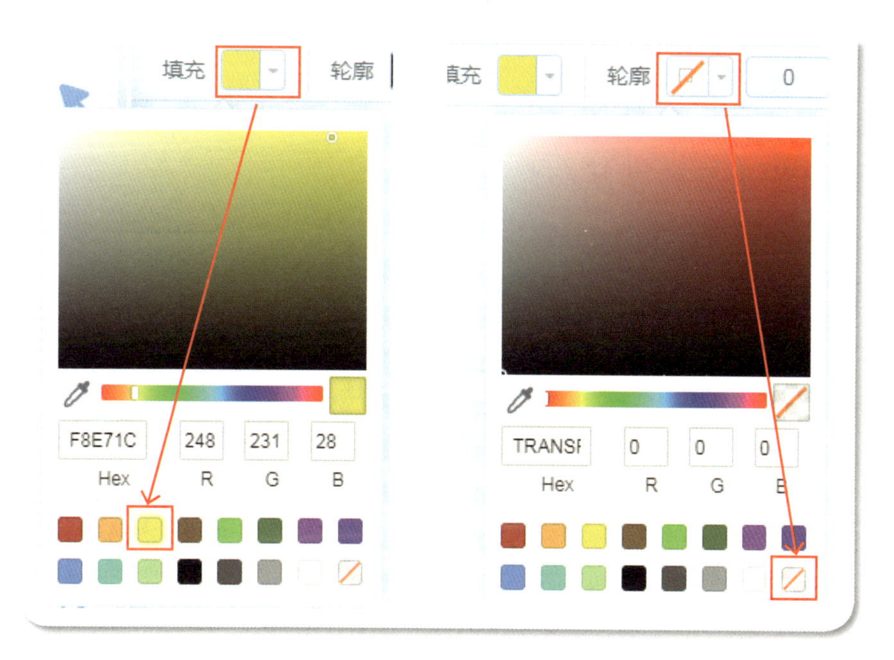


(2) 将鼠标移回画布，按下鼠标左键，拖动鼠标。画出一个椭

圆形花盘后，放开鼠标。点击箭头按钮 ，用鼠标按住花瓣拖动，可以任意调节花瓣的位置，然后松开鼠标。

注意到花瓣下方的小弧形箭头了吗？用鼠标按住 ，可以围绕图片中心进行任意旋转，大家赶紧试试吧！

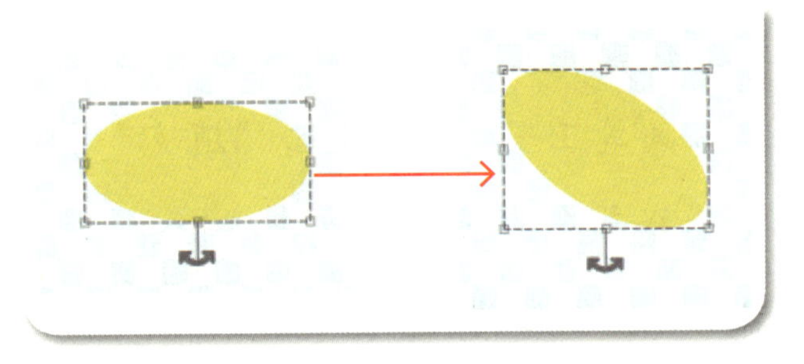

（3）利用画好的第一片花瓣制作其他花瓣。点击箭头按钮 ，点击花瓣。在键盘上同时按下 Ctrl 和 C 键，接下来同时按下 Ctrl 和 V 键，就完成了花瓣的复制和粘贴。

再次点击箭头按钮 ，选中花瓣，拖动花瓣调整它的位置，按住花瓣下的 ，旋转花瓣调整它的角度。重复以上花瓣调整步骤，直到新的花瓣被放置到合适的位置。

（4）重复 3 次花瓣的复制、粘贴、移动位置和角度调整，画出一朵花。

步骤三：画花枝。

（1）我们将使用椭圆的部分边界作为花枝。点击圆形画笔工具 ●，点击“填充”标签右侧的箭头，在颜色选择框中选择颜色为“取消”；点击“轮廓”标签右侧的箭头，在颜色选择框中选择绿色。

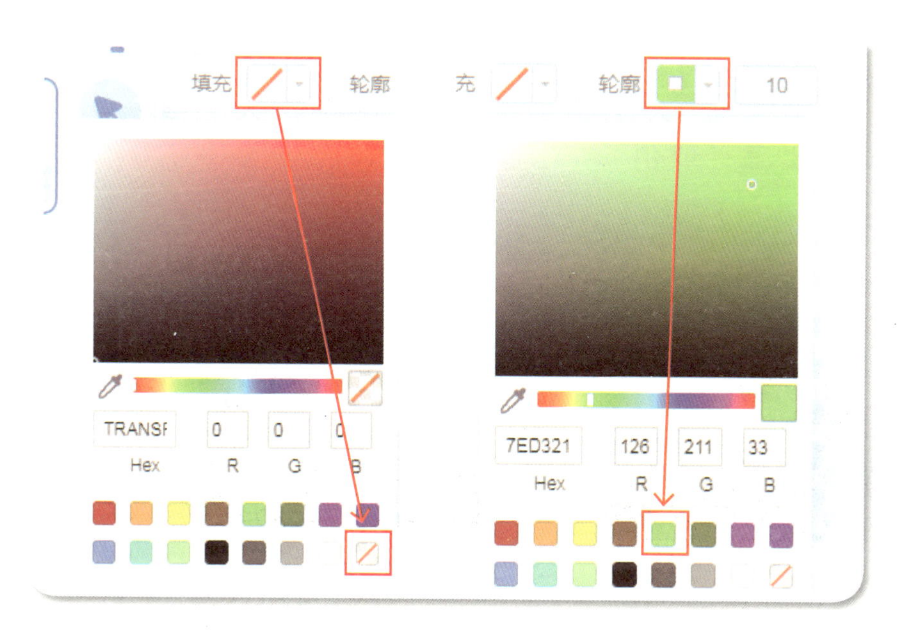


（2）按住鼠标左键，在画板上画出椭圆。点击左侧工具栏里面的橡皮擦按钮 ，按住鼠标左键，拖动鼠标，把多余的部分擦掉。

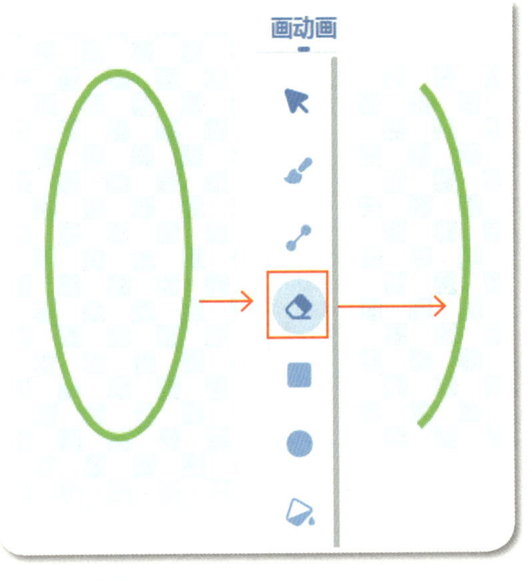

(3) 点击箭头按钮，将花枝拖到合适的位置后松开鼠标。

步骤四：画绿叶。

点击圆形画笔工具，点击“填充”标签右侧的箭头，在颜色选择框中选择颜色为浅绿色；点击“轮廓”右侧的箭头，在颜色选择框中选择颜色“取消”。

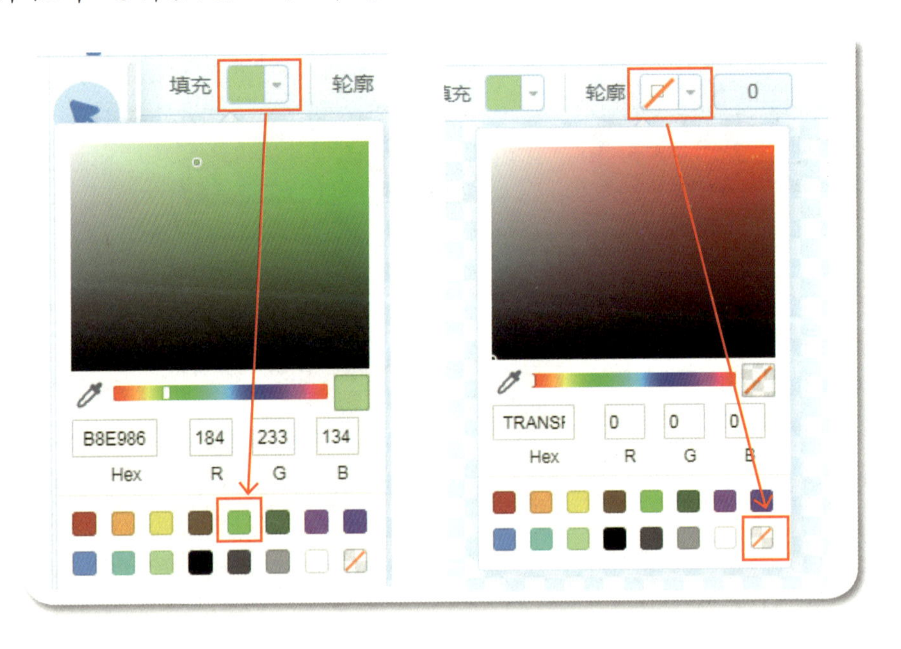

（1）按下鼠标左键，拖动鼠标。画出一个椭圆形的叶子后，放开鼠标。点击叶子，按住叶子下方的⤓，拖动鼠标，就可以旋转叶子。

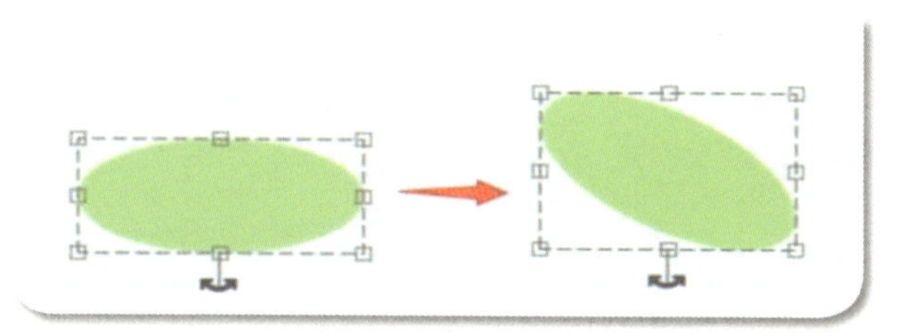

（2）尝试为绿叶添加叶脉。点击画笔，选择颜色为深绿色，“粗细”标签右侧框内输入数“1”。

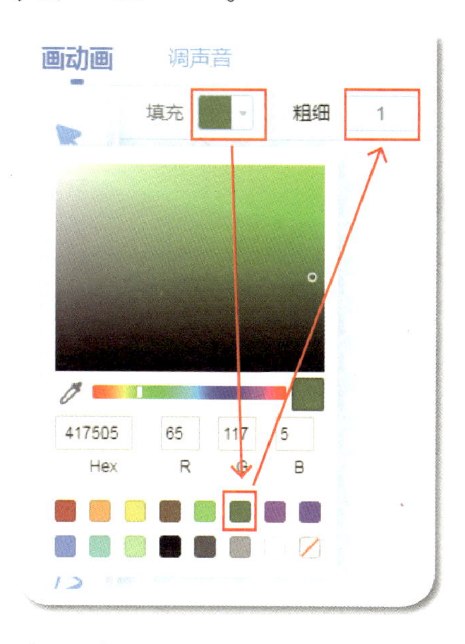


（3）按住鼠标左键，在叶子上画上叶脉。小朋友可以根据自己的观察画出不一样的叶脉哦。

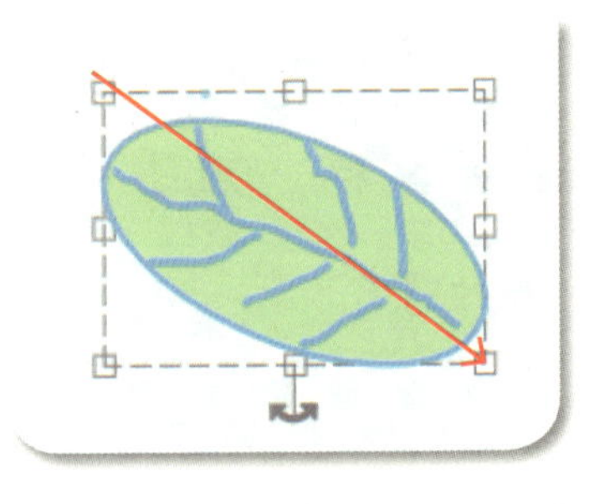

(4) 复制刚才绘制的叶片和叶脉。点击箭头按钮，用鼠标把刚才绘制的叶子和叶脉左上角拖到右下角，选中整个叶子。

在键盘上同时按下 Ctrl 和 C 键，接下来同时按下 Ctrl 和 V 键，完成叶子的复制和粘贴。

将叶子旋转并拖动到合适的位置。小朋友可以根据自己的想象力摆放叶片的位置哦。这样，一朵花就在计算机上画好了，花朵很漂亮吧？

### 2.3.5 保存文件

完成了前面的编程，还要记得保存哦！首先登录腾讯扣叮账户，然后，点选菜单栏右边的 保存 按钮，程序就保存在腾讯扣叮账户里啦。如果想让其他小朋友也看到自己编写的程序，就点击 发布 按钮，这样我们的作品就发布在腾讯扣叮平台上了。

如果我们想把作品保存到本地电脑里，可以点击菜单栏左边的“文件”按钮，选择“导出到电脑”命令，刚刚完成的作品就下载到电脑中了。

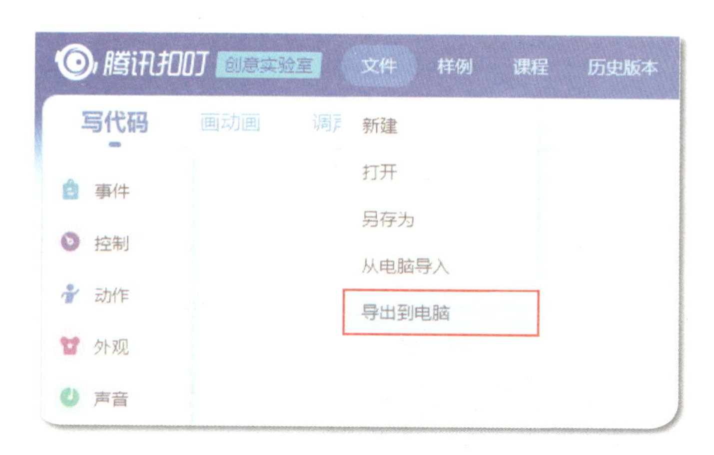


## 2.4 编程之路

让我们用思维导图回顾一下这个角色创建任务是怎么完成的吧。

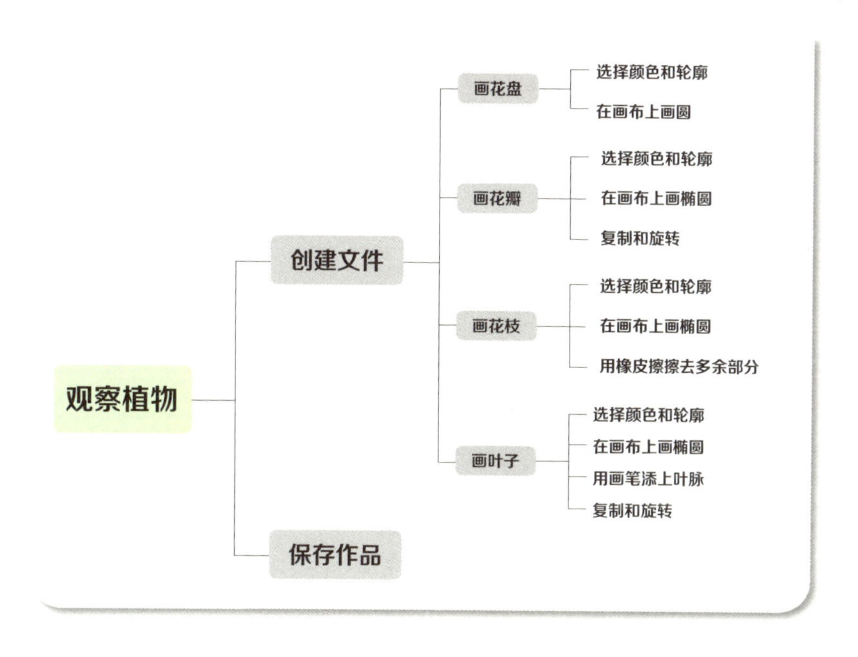

# 3 幸运的四叶草

笑笑和萌萌在植物园里发现并绘制四叶草。他们不仅仔细观察了四叶草的外形，还了解到四叶草的象征意义是真爱、健康、名誉和财富。

看完花卉后，笑笑和萌萌有点饿了。他们买了些食物，一边吃着一边有说有笑地走着。笑笑说："我们一共要找到4种植物，你觉得我们能找到吗？"萌萌刚想回答，但不小心把手里拿着的纸巾掉到地上了。一阵小风吹过，纸巾随风往前飘着。

"垃圾不能随地乱扔，赶紧去捡回来啊！"笑笑说道。两人就在后面追着纸巾，当纸巾飘到一片相对平坦的草丛里时，萌萌抓住了纸巾，同时也看到一团长得像小伞一样的小草，一棵一棵拥挤在一起，就好像一个个等待降落的降落伞。萌萌对笑笑说："这个草长得好可爱啊，这是什么草啊？"

笑笑仔细地盯着它看了一会儿，说："这会不会就是我们要找的四叶草呢？这个草有四片叶子，我觉得这就是我们要找的四叶草。"

萌萌走到这片草地的旁边，看到植物介绍牌上写着："四叶草，是一种车轴草族植物。在欧洲，人们找到四叶草被认为是幸运的表现，他们相信找到四叶草就能得到幸福；在日本，四叶草也有这些象征意义，因此，四叶草又称幸运草。"

萌萌开心地大叫："我们找到四叶草了。看来四叶草真的是幸运草，我们几乎没费什么力气就幸运地找到了。希望四叶草也能给我们带来幸运哦。"

笑笑走过来看着介绍牌，对萌萌说："你知道吗？四叶草的每一片叶子都有它的含义哦！第一片叶子代表真爱，第二片叶子代表健康，第三片叶子代表名誉，第四片叶子代表财富。"

萌萌说："按上面的说法，我们每人摘一棵带回家，就能拥有一切了吧？"

笑笑说："应该是一个寓意吧，但是，我们不能随意采摘，要是每个小朋友都采一朵的话，以后就看不到这么可爱的小草了。"

萌萌说："你说得对，以后我们有时间就多来看看吧。"

笑笑开心地点了点头。

小朋友，让我们利用上一堂课学到的画笔知识创作一棵你心目中的四叶草吧，试一试如何用程序复制出一片形态各异的四叶草丛吧。

## 3.1 演示程序

首先，看看我们观察到了什么。每一棵四叶草都有 4 片长得一模一样的叶子。那么，一片四叶草从看起来是什么样子的呢？扫描下面的二维码，看一看编程实现的效果。

接着，点击屏幕中的 ▶运行 按钮运行程序，就可以看到编程绘制的四叶草了。

## 3.2 解锁编程技能

编完这个程序，你将获得以下新技能：

(1) 角色命名

(2) 角色复制

(3) 角色旋转

(4) 使用随机数

## 3.3 一步一步学编程

小朋友，让我们一起来看看幸运的四叶草是怎么绘制出来的吧。之后，我们还会利用程序制作出一簇四叶草。

### 3.3.1 准备好编程资源

需要准备好相关编程资源，这个环节可以找家长或老师帮忙哦，但是，要记得文件存放的位置。

步骤一：将图书配套资源文件的压缩包下载到计算机。

步骤二：将资源文件解压缩并保存到指定位置。

步骤三：打开第 3 章文件夹，确认包括“第 3 章 幸运的四叶草 .cdc”文件。

第3章 幸运的四叶草.cdc

### 3.3.2 新建项目

让我们先用画笔画一棵四叶草吧。

首先，我们要新建项目。点击菜单栏中的“文件”按钮，点选“新建”命令，然后在已选素材区点击“空白项目”图标。

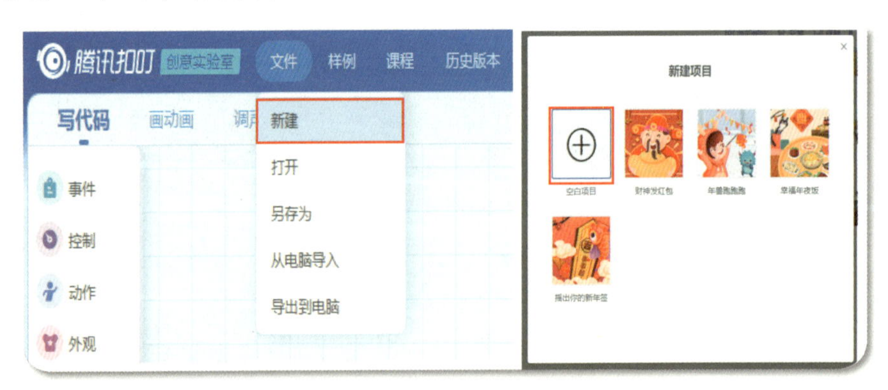

### 3.3.3 添加背景和角色

在已选素材区点击“绘制动画”按钮，出现空白脚本编辑区。

### 3.3.4 绘制造型

步骤一：绘制四叶草叶片。

（1）在“脚本编辑区”的“画动画”面板中，点击圆形图标。

（2）点击“填充”标签右侧的向下箭头，出现颜色界面，选择颜色为浅绿色。然后点击“轮廓”标签右侧的向下箭头，出现颜色选择框，选择深绿色图标。再点击“轮廓”标签右侧的方框，输入数“4”。

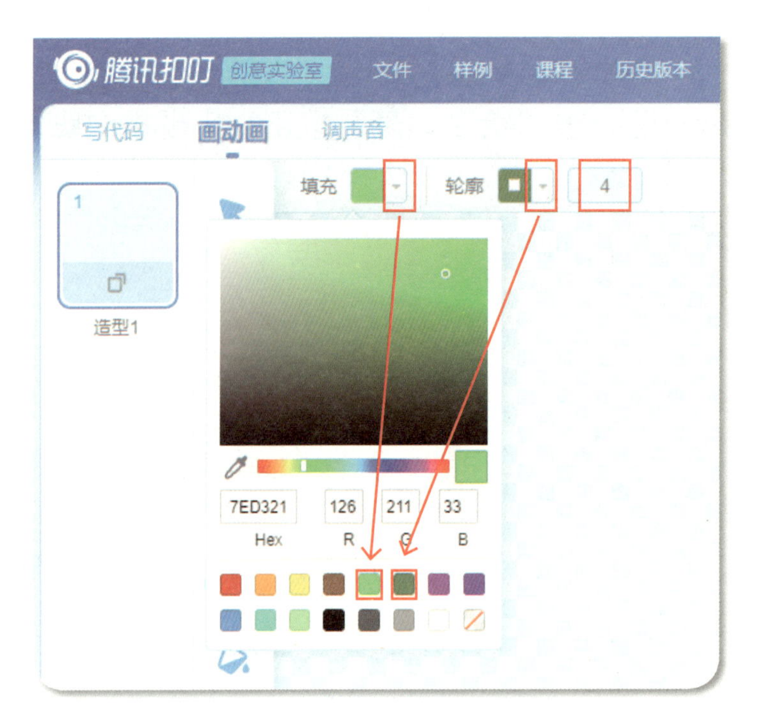


(3) 现在，我们就可以用工具画四叶草的叶子了。按住鼠标左键，在画板上画一个竖椭圆。点击“画动画”中的箭头图标，用鼠标左键点击叶子，在键盘上同时按下 Ctrl 和 C，然后将鼠标指针移到其他位置再同时按下 Ctrl 和 V，完成叶子的复制和粘贴。我们需要重复 3 次操作，得到 4 片四叶草的叶子。然后根据上一堂课学习的图形移动和旋转方法，我们把 4 个椭圆放置在一起，如下图所示。这样，四叶草的叶子部分就完成啦。

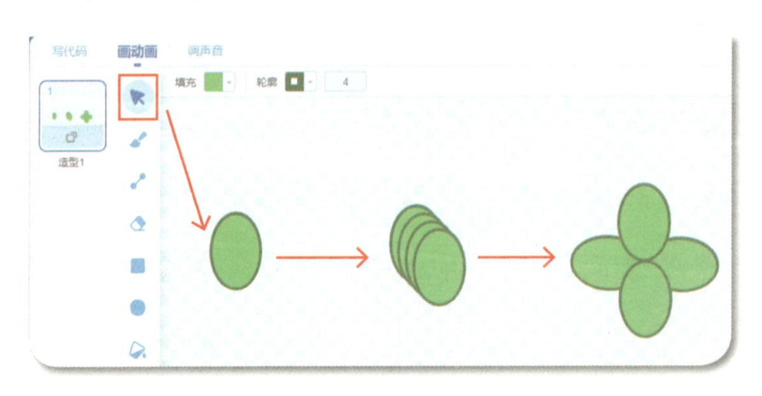

步骤二：绘制四叶草茎。

(1) 在脚本编辑区的“画动画”面板中，点击圆形图标。

(2) 点击“填充”标签右侧的箭头，点选界面下方的无填充颜色图标；然后点击“轮廓”标签右侧的箭头，在颜色选择框中选择浅绿色。再点击“轮廓”标签右侧的方框，输入数“5”。

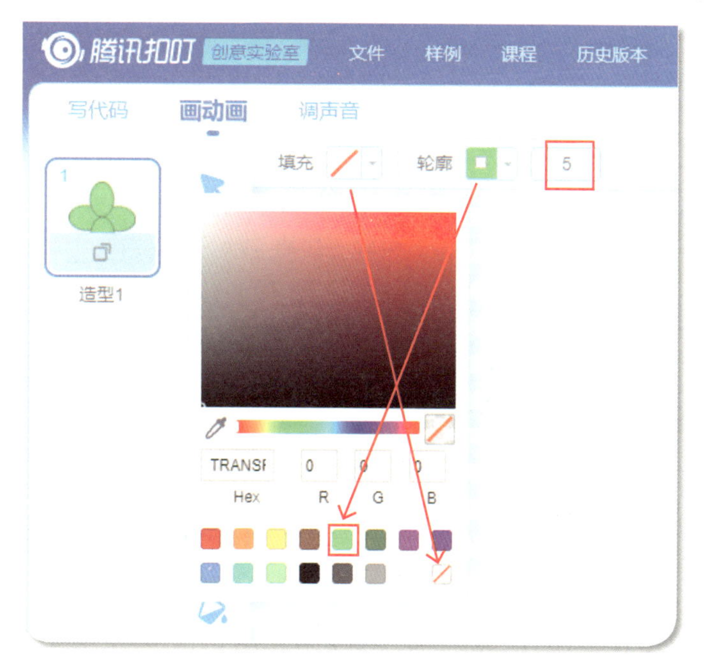

（3）按住鼠标左键，在画板上画出一个椭圆。然后点击“画动画”中的“橡皮”图标，按住鼠标左键，拖动鼠标，把多余的部分擦掉。这样，一根茎就制作好了。

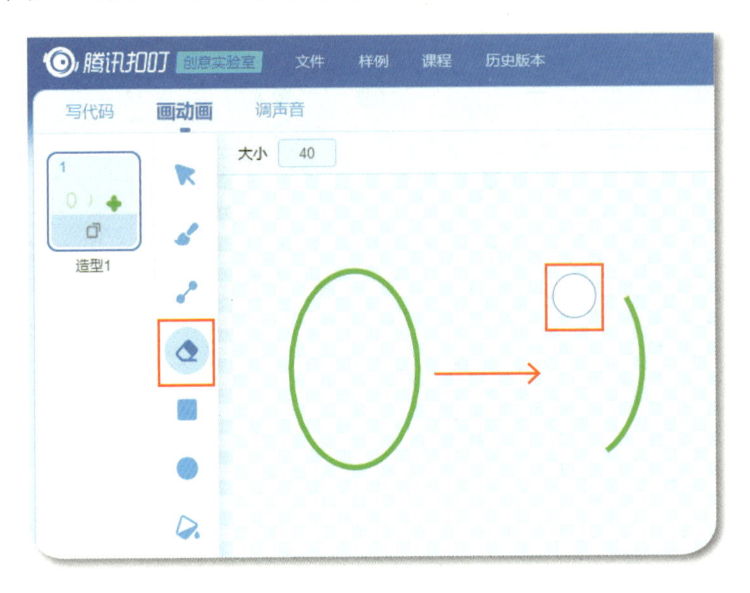


（4）点击“画动画”中的箭头图标，按住鼠标左键，将茎移到合适的位置。

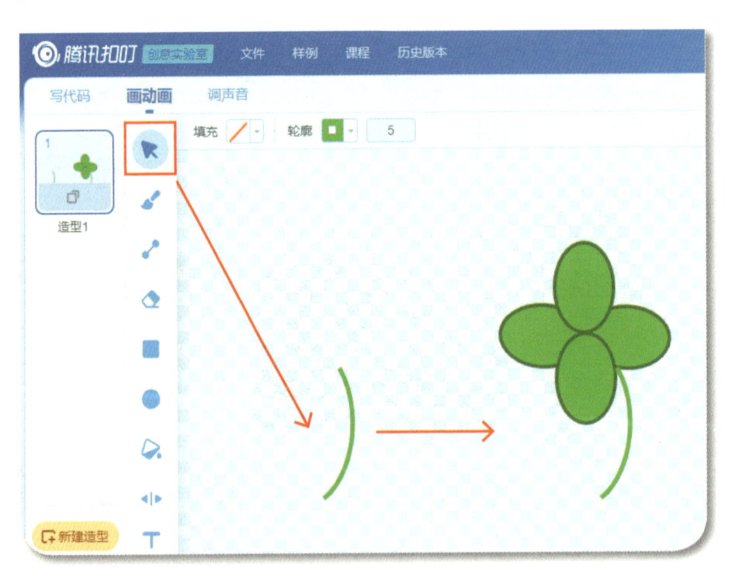

步骤三：命名角色。

在已选素材区找到角色素材，点击角色下面的白框，再次点击角色名字，启动重命名功能，输入文字“四叶草”。

## 3.3.5 编写程序

接下来，我们开始利用前面绘制的一棵四叶草生成一簇四叶草从啦。

步骤一：每隔 1 秒，复制 1 棵四叶草，共复制 5 次。

(1) 点击已选素材区的“四叶草”角色素材，点击脚本编辑区上方的“写代码”标签按钮。将鼠标移至积木块类别区的“事件”类积木，在积木块选择区中找到积木 当 被点击，并把它拖曳到积木块编辑区。

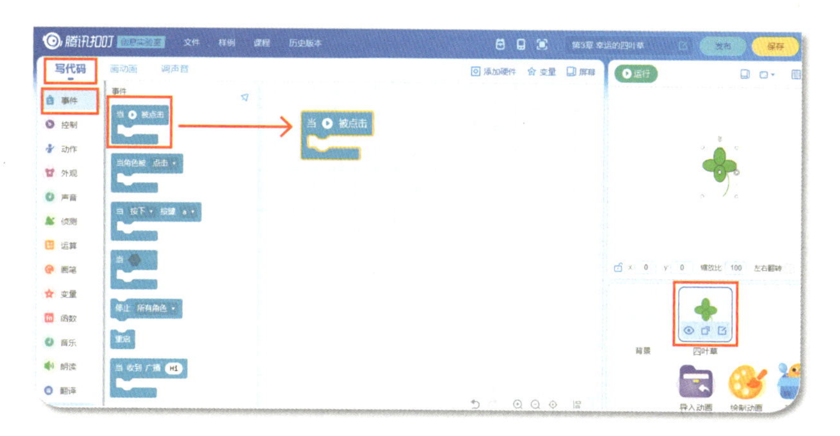

(2) 将鼠标移至积木块类别区的“控制”类积木，在积木块选择区中找到积木 重复执行 10 次，并把它拖曳到积木块编辑区 当 被点击 的肚子里。

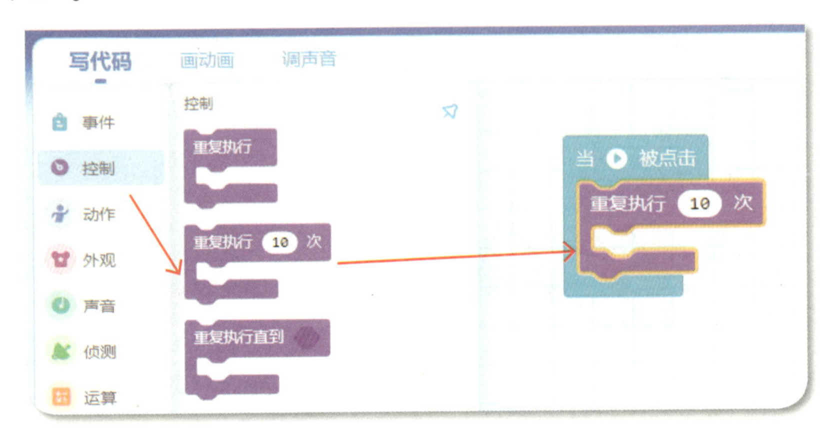


(3) 点击积木 重复执行 10 次 中的白框，将数字改为“5”，意思就是我们需要复制 5 棵四叶草。

(4) 将鼠标移至积木块类别区的“控制”类积木，在积木块选择区中找到积木 等待 1 秒，并把它拖曳到积木块编辑区 重复执行 5 次 的肚子里。

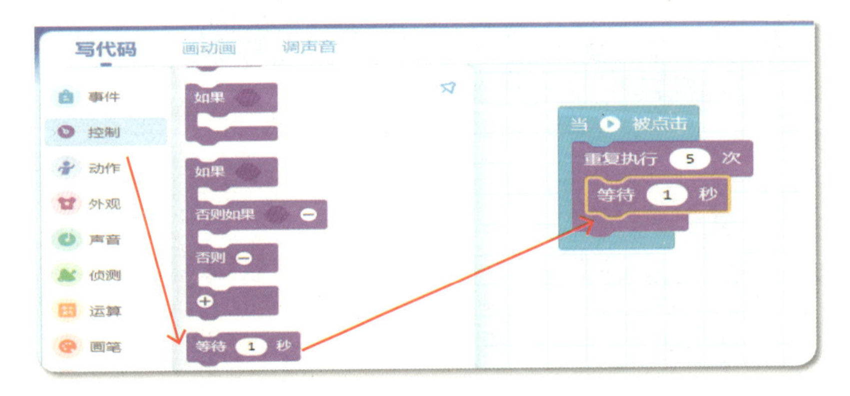

(5) 将鼠标移至积木块类别区的“事件”类积木，在积木块选择区中找到积木 克隆 当前角色，并把它拖曳到积木块编辑区，拼接到 等待 1 秒 的下方。

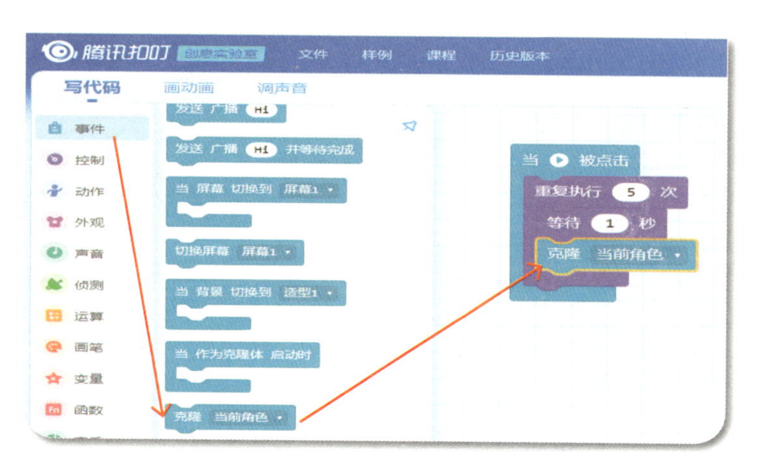


通过以上程序，我们克隆出5棵四叶草，加上原本的1棵四叶草，一共得到了6棵四叶草。如果现在运行程序，便可以看到重叠的6棵四叶草。接下来我们想办法让这6棵四叶草旋转不同角度，得到一簇四叶草丛，小朋友可以充分发挥自己的想象力。

**步骤二：**以四叶草茎的最下端为中心，随机旋转6棵四叶草。

(1) 将鼠标移至积木块类别区的“事件”类积木，在积木块选择区中找到积木 当 作为克隆体 启动时，并把它拖曳到积木块编辑区。

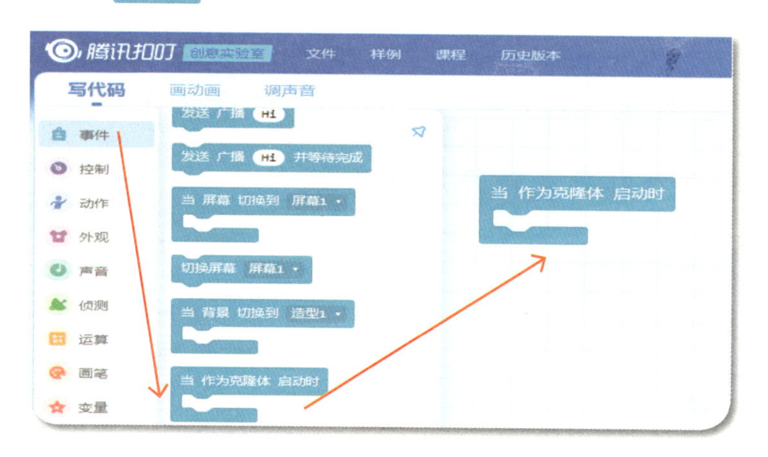

(2) 将鼠标移至积木块类别区的“动作”类积木，在积木块选择区中找到积木 围绕 当前角色 · 旋转 30 度 ，并把它拖曳到积木块编辑区 当 作为克隆体 启动时 的肚子里。

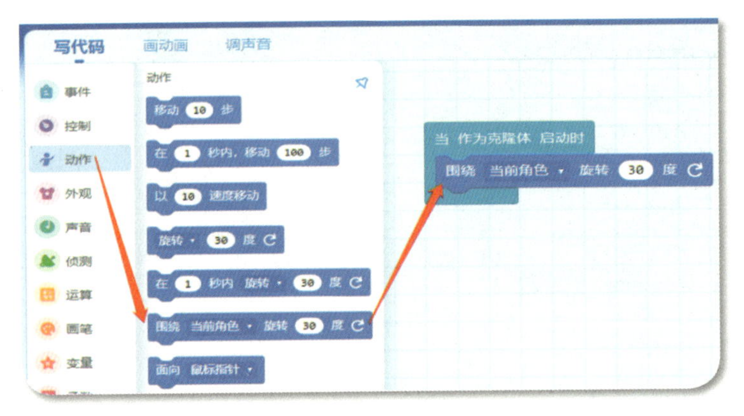


(3) 将鼠标移至积木块类别区的“运算”类积木，在积木块选择区中找到积木 在 0 到 5 间随机选一个整数 ，并把它拖曳到积木块编辑区 围绕 当前角色 · 旋转 30 度 的白框里，这样可以让复制出来的四叶草随机旋转。

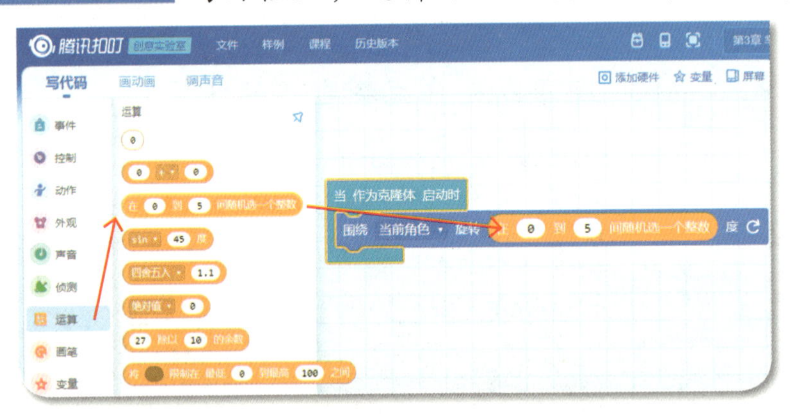


(4) 点击积木 在 0 到 5 间随机选一个整数 的第 2 个白框，输入数“360”，这就是四叶草旋转的角度范围。

(5) 点击舞台预览区的四叶草角色，用鼠标将角色的中心点拖曳至四叶草茎的最下端。这么做的目的是为了让复制出的四叶草围绕茎底端进行旋转，制造出多棵四叶草生长在一起的效果。

完成以上所有步骤后，我们得到了如下程序：

```
当 ▶ 被点击
重复执行 5 次
    等待 1 秒
    克隆 当前角色

当 作为克隆体 启动时
围绕 当前角色 旋转 在 0 到 360 间随机选一个整数 度 ↻
```

### 3.3.6 运行程序

点击舞台预览区左上角的 ▶运行 按钮，看看能否得到一簇四叶草吧。下面是运行前后的效果对比图。

运行前：

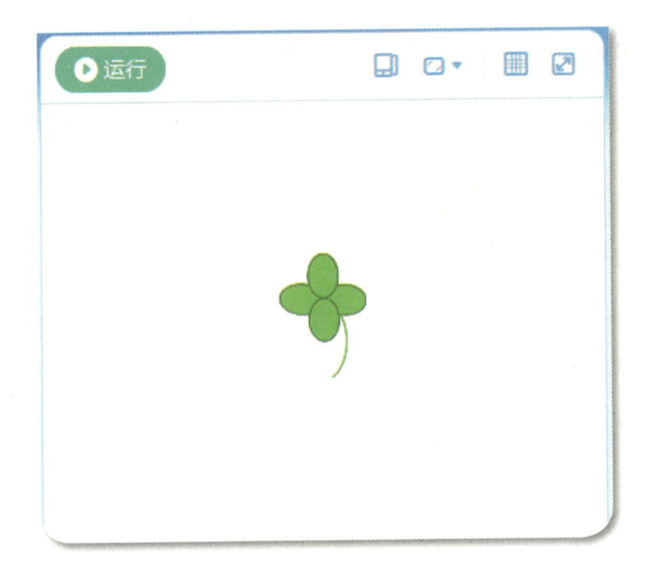


运行后：

### 3.3.7 保存文件

完成了前面的编程，不要忘记保存这个作品哦！首先登录腾讯扣叮账户，然后点选菜单栏右边的 保存 按钮，程序就保存在腾讯扣叮账户里啦。

如果想让其他小朋友也看到我们的程序，就点击 发布 按钮，这样我们的作品就发布在腾讯扣叮平台上了。

如果我们想把作品保存到本地电脑里，可以点击菜单栏左边的“文件”按钮，选择“导出到电脑”命令，刚刚完成的作品就下载到电脑中了。

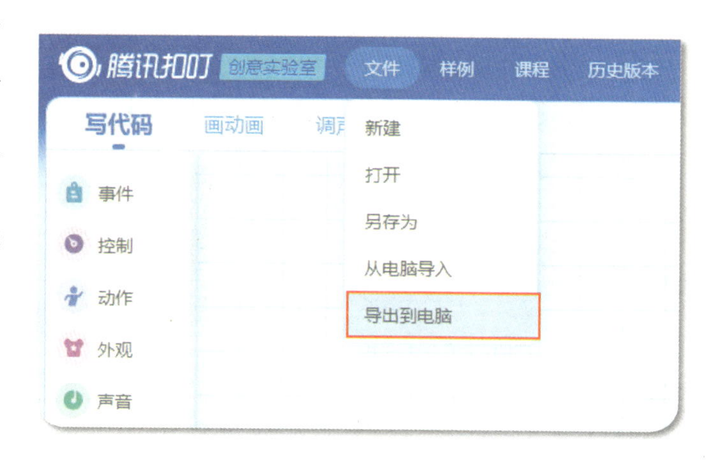


## 3.4 编程之路

现在，我们一起来回顾这次编程之旅吧。

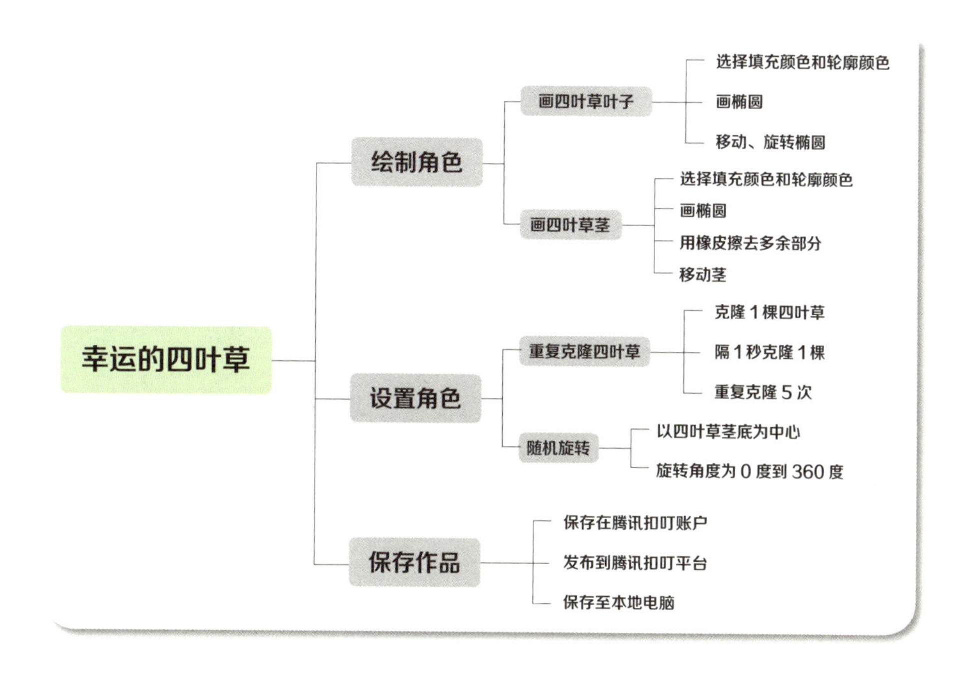

# 美丽的蝴蝶

笑笑和萌萌在植物园中看到了花间飞舞的漂亮蝴蝶。他们仔细地观察了蝴蝶是如何快乐地飞舞和停留在花朵上，还了解到蝴蝶可以帮助植物繁殖，是植物们的好朋友。

“哇！笑笑，你看，前面有好多蝴蝶，我们快点走。”

笑笑对萌萌说：“是啊，好多大小不一样的蝴蝶，我们快走。”萌萌也加快了脚步。

他们进入一个新的透明房间后，迎面扑来了数不清的蝴蝶。

“你知道我最敬佩蝴蝶的什么吗？”笑笑说，“我最敬佩蝴蝶的顽强与韧性，你知道吗？并非每一颗卵最后都能破茧成蝶。每一个生命都值得我们尊重、敬畏！”

他们继续往前走着，到处可见翩翩起舞的美丽蝴蝶。蝴蝶的种类多得数不胜数，有凤蝶类、粉蝶类、斑蝶类……许许多多的蝴蝶不停地在游客眼前飞过，跳着小精灵一样的舞蹈。蝴蝶在花海中，时而静静地栖息在鲜花丛里吮吸着花蜜，时而在空中飞舞，向游客展示优美的迷人舞姿，宣示着它们才是世界上最美的快乐舞者。五彩缤纷的蝴蝶，一会儿飞到这儿，一会儿停在那儿，真有些目不暇接。

就在两个小伙伴目不转睛地盯着眼前这片美景而陶醉的时候，一只顽皮的小蝴蝶似乎飞累了，悄悄地落在了萌萌的手臂上，舞动着翅膀，用它自有的方式传递着大自然的和谐与快乐！看到这个景象，笑笑小声地对萌萌说：“别动，千万别动。”萌萌就像定住了一样，连话都不敢说。他俩就在这梦幻世界里待了很久很久，谁也不想主动打破这份宁静……

小朋友，为什么植物园里还有蝴蝶呢？植物也有自己的“宝宝”，就是它们的果实。怎么才能结果呢？常见的植物都会开出鲜艳的花朵、散发出甜甜的香味，吸引蝴蝶、蜜蜂等小昆虫。蝴蝶以花蜜为食，落在花朵上吸取花蜜的时候，花粉就会粘在蝴蝶身上，当它飞到另一朵花上的时候，那些花粉就会落在另一朵花的花柱上，这样它们就帮助植物完成了授粉。

现在，让我们一起用程序来实现一个蝴蝶飞舞的场景吧！

## 4.1 演示程序

我们观察到三只蝴蝶在舞台上四处飞舞，在碰到屏幕边缘的时候，便会折返。当蝴蝶在飞行过程中，碰到玫瑰花，它便会落在花朵上，并且在花朵上停留一会儿后飞走，继续在舞台上飞舞。扫描右边的二维码，看看编程实现的效果吧！

点击屏幕中的 运行 按钮运行程序，看看蝴蝶是怎样飞舞的吧！

## 4.2 解锁编程技能

编完这个程序，你将获得以下新技能：

(1) 角色的随机运动

(2) 角色的暂停

(3) 造型的控制

## 4.3 一步一步学编程

小朋友，我们现在一起来完成美丽的蝴蝶的故事片段吧。

### 4.3.1 准备好编程资源

需要准备好相关编程资源，这个环节可以找家长或老师帮忙哦，但是，要记得文件存放的位置。

步骤一：将图书配套资源文件的压缩包下载到计算机。

步骤二：将资源文件解压缩并保存到指定位置。

步骤三：打开其中的第 4 章文件夹，确认包括文件夹“蝴蝶”“第 4 章 美丽的园中蝴蝶 .cdc”“背景 .jpg”“花朵 .png”。

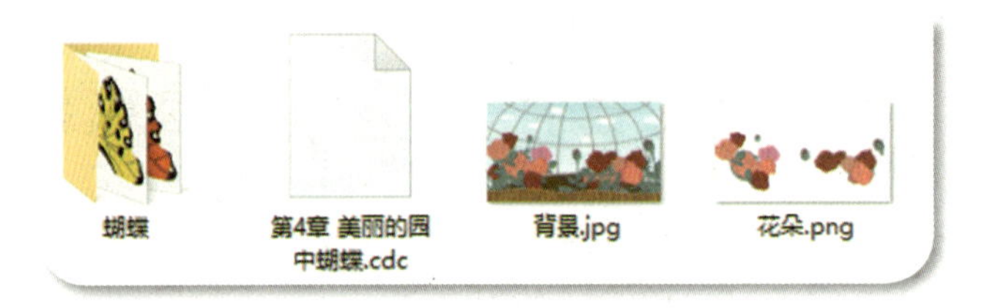


### 4.3.2 新建项目

点击菜单栏中的“文件”按钮，点选“新建”命令，然后在已选素材区点击“空白项目”图标。

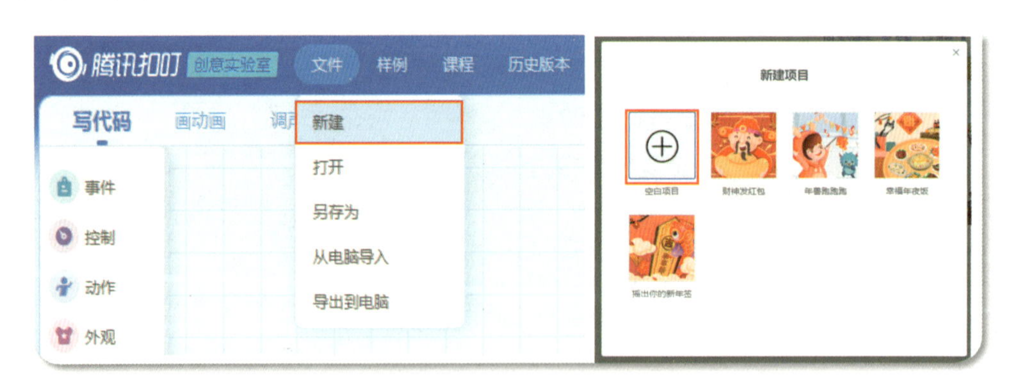

### 4.3.3 添加背景与角色

接下来，我们正式开始编程啦！

打开腾讯扣叮编程平台，布置好舞台背景并邀请故事角色上场。

步骤一：布置舞台背景。

点击已选素材区的“背景”图标，再点击脚本编辑区的“画动画”标签按钮，然后点选右下方的“本地上传”按钮。在出现的文件夹中再点击“背景.jpg”图标，选择“打开”按钮。

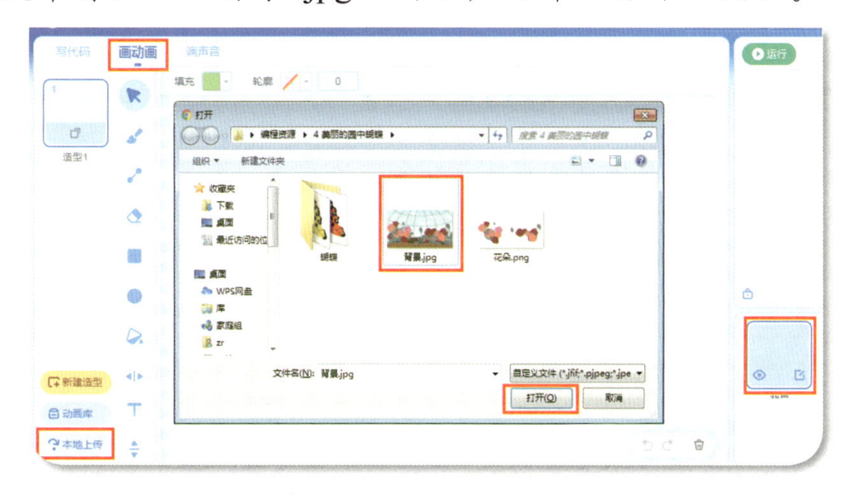


点击“造型 1”，点击右上角的 按钮，点选“确定”，这样就删除了“造型 1”。

## 步骤二：添加“花朵”角色。

点击已选素材区的“导入动画”按钮，在出现的文件夹中点选“花朵.png”图标，点击“打开”按钮。

## 步骤三：添加“蝴蝶”角色。

(1) 点击已选素材区的“导入动画”按钮，在出现的文件夹中双击“蝴蝶”文件夹，点选“蝴蝶.png”图标，点击“打开”按钮。

(2) 点选“蝴蝶”图标，然后点击脚本编辑区的“画动画”标签按钮，再点击左下方的“本地上传”；点选“蝴蝶2.png”图标，点击“打开”按钮，这样就为刚才的“蝴蝶”角色添加了一个新的造型。

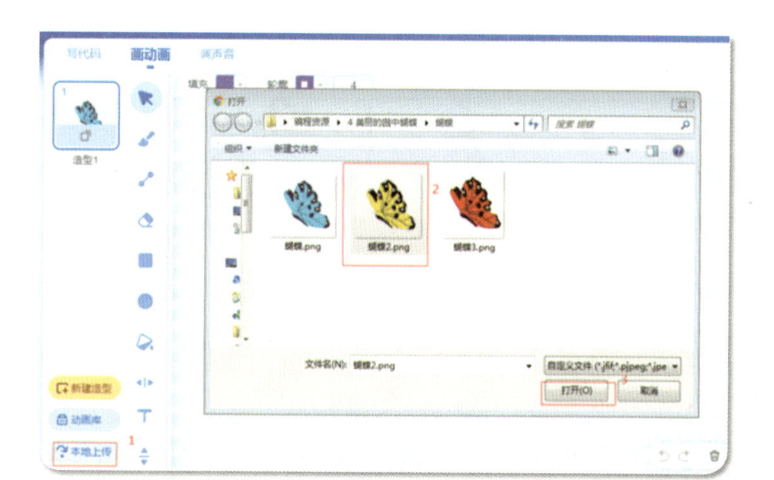

(3) 接着，我们继续为“蝴蝶”添加造型。点击已选素材区的“导入动画”按钮，点选“蝴蝶3.png”图标，点击“打开”按钮。这样，我们就有3个蝴蝶造型了。

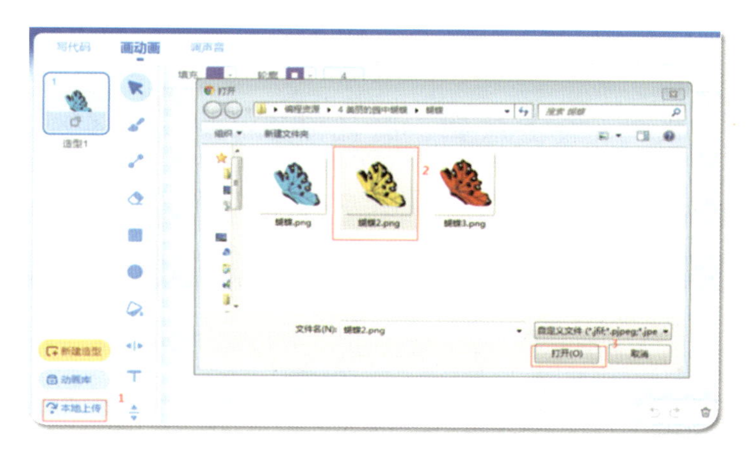

现在，我们已经在舞台上布置了花丛，并加入了3只蝴蝶。

步骤四：去除名字的后缀。

点击“花朵”和“蝴蝶”角色图标下的方框，选中后缀“.png”后，按下键盘上的DEL键。

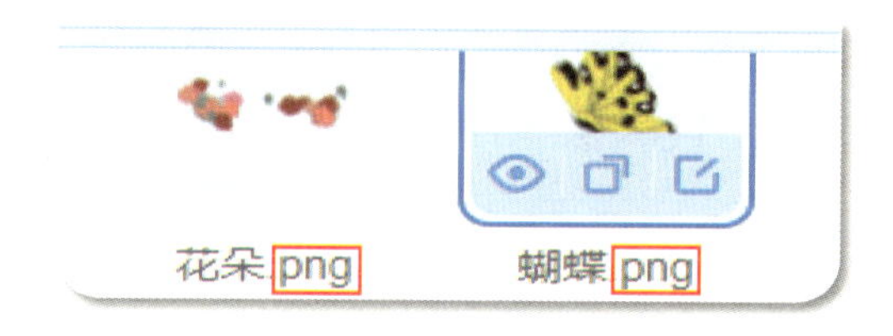

删除后的结果如下图所示：

### 4.3.4 编写程序

小朋友，现在我们一起搭建编程积木，让故事中的角色动起来吧。

步骤一：复制（克隆）蝴蝶，每个蝴蝶在不同的位置，有不同的颜色。

(1) 在已选素材区中点击“蝴蝶”图标，然后点击脚本编辑区左上角的“写代码”标签按钮；将鼠标移至积木块类别区，点击“事件”标签，找到积木 当 被点击 ，并把它拖曳到积木块编辑区。

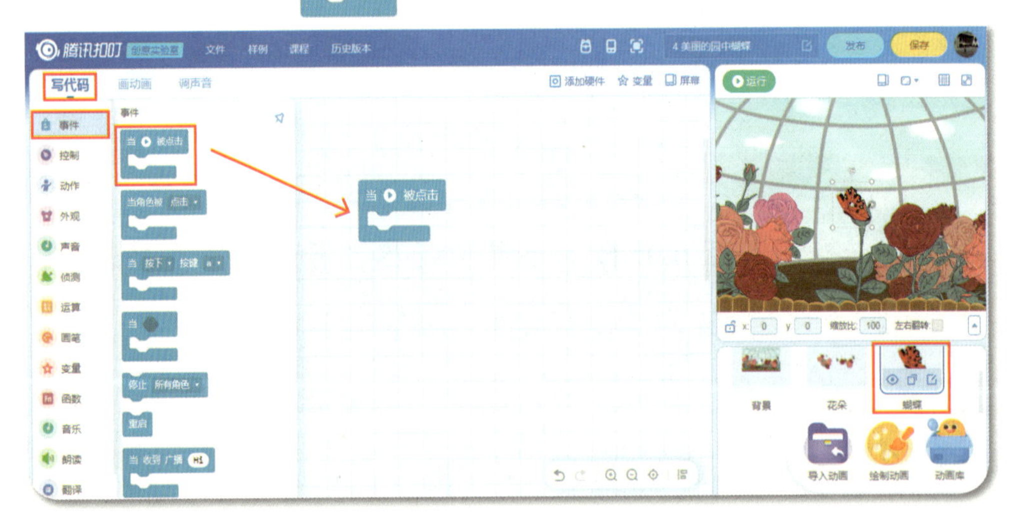


(2) 将鼠标移至积木块类别区，点击“动作”标签，找到积木 移到 x 0 y 0 ，并把它拖曳到积木块编辑区，重复3次。

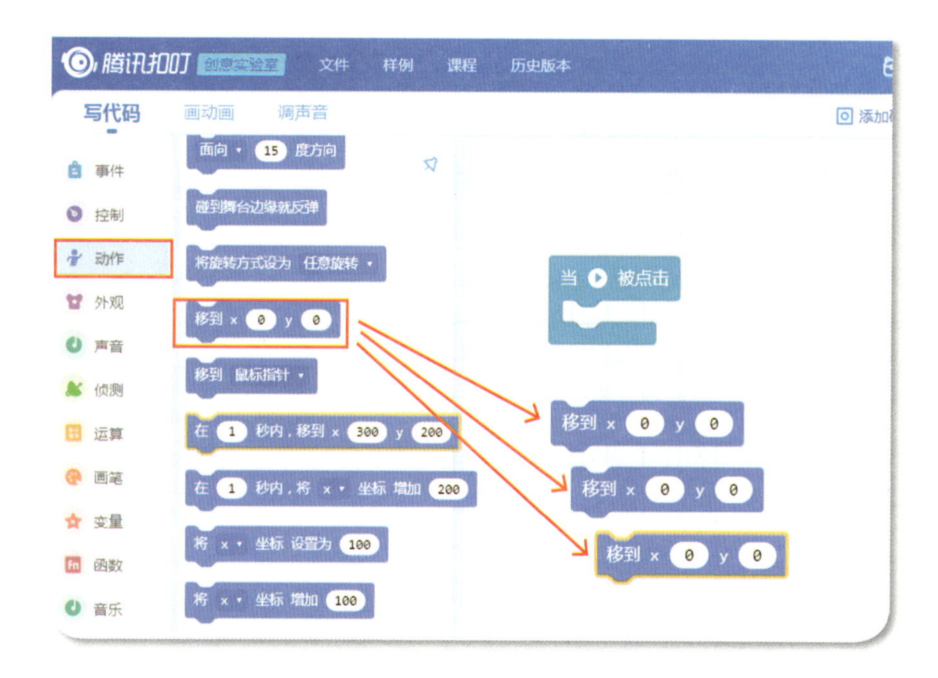


（3）将鼠标移至积木块类别区，点击“外观”按钮，找到积木 切换到造型 造型1，并把它拖曳到积木块编辑区，重复3次。

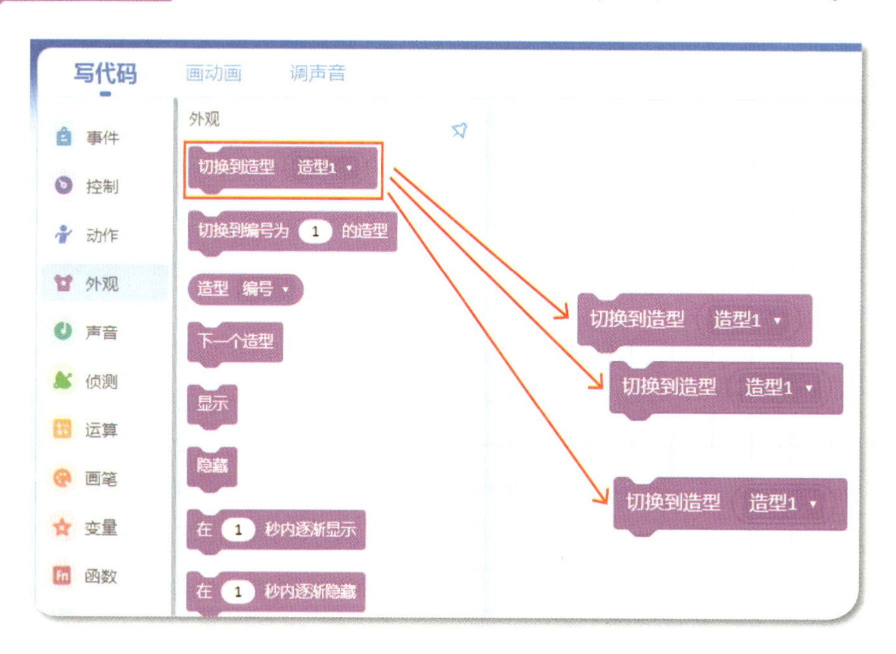


（4）将鼠标移至积木块类别区，点击“事件”标签，找到积木 克隆 当前角色，并把它拖曳到积木块编辑区，重复3次。

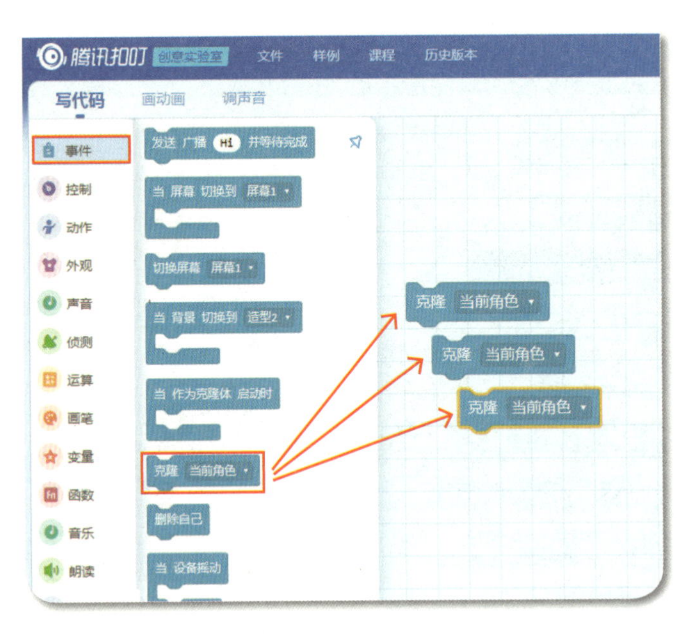


（5）将鼠标移至积木块类别区，点击“外观”标签，找到积木 隐藏，并把它拖曳到积木块编辑区。

（6）点击第2个积木 切换到造型 造型1 ▾ 中的向下箭头按钮，点选“造型2”命令。

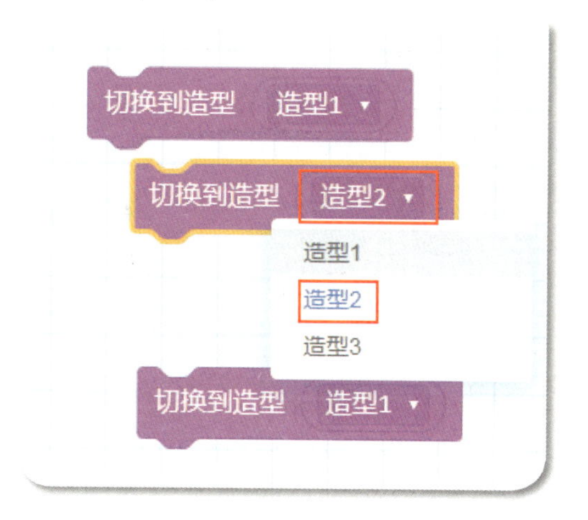


点击第3个积木 切换到造型 造型1 ▾ 中的向下箭头按钮，点选“造型3”命令。

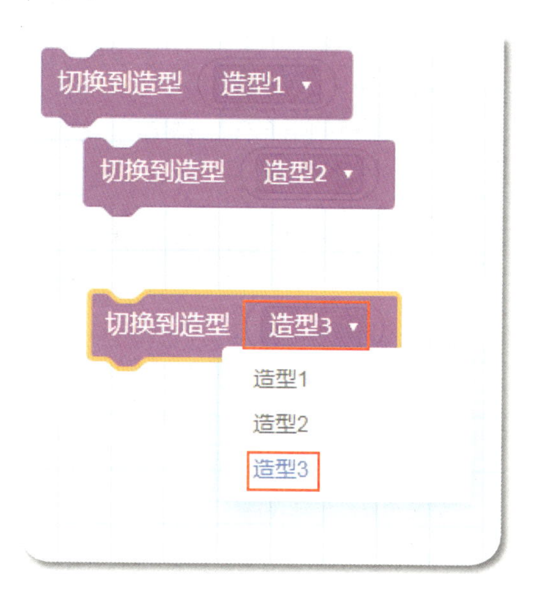


（7）将积木按图中的顺序拼好。点击第1个积木 移到 x 0 y 0 中的第1个白框，输入数“−400”；点击第2个白框，输入数“400”；点击第2个积木 移到 x 0 y 0 中的第1个白框，输入数“400”；点击第2个白框，输入数“−400”；点击第3个积木 移到 x 0 y 0 中的

第 1 个白框，输入数“0”；点击第 2 个白框，输入数“400”。

通过搭建以上积木，我们便实现了将蝴蝶克隆 3 次的目的，将它们分别放置在舞台的不同位置，并且每次出现的蝴蝶有不同的造型。

步骤二：设置当蝴蝶遇上花朵，蝴蝶停在花朵上 3 秒，然后重新飞舞。

(1) 将鼠标移至积木块类别区，点击“事件”标签，找到积木 当 作为克隆体 启动时，并把它拖曳到积木块编辑区。

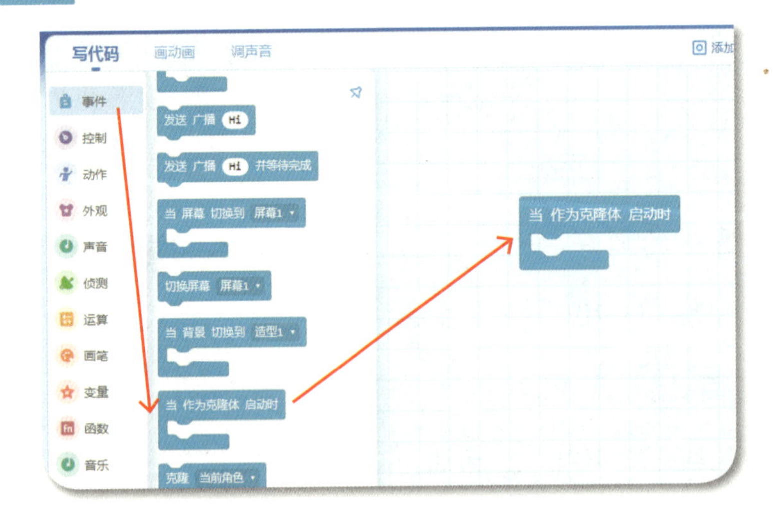

（2）将鼠标移至积木块类别区，点击“控制”标签，找到积木 重复执行 ，并把它拖曳到积木块编辑区积木 当 作为克隆体 启动时 的肚子里。

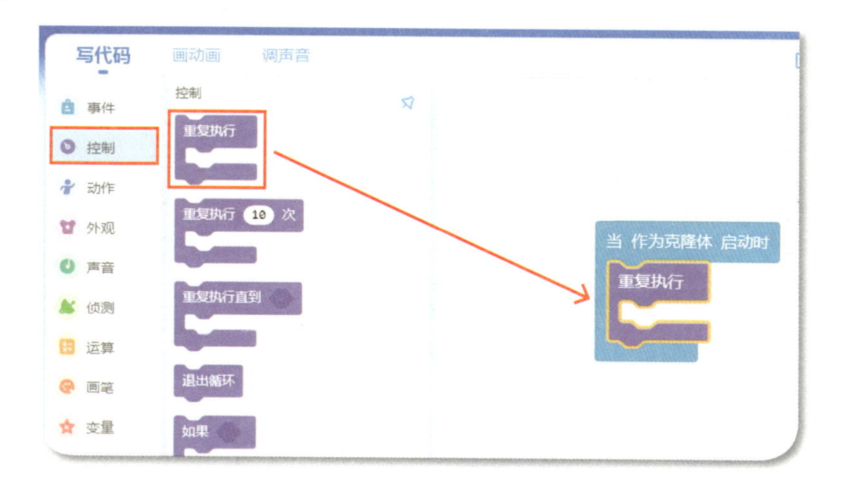


（3）将鼠标移至积木块类别区，点击“控制”标签，找到积木 如果 否则如果 否则 ，并把它拖曳到积木块编辑区积木 重复执行 的肚子里，并点击“否则如果”后的 ⊖。在这里，我们只需要判断“蝴蝶”是否碰到“花朵”：如果碰到“花朵”，“蝴蝶”停止；否则继续飞行。

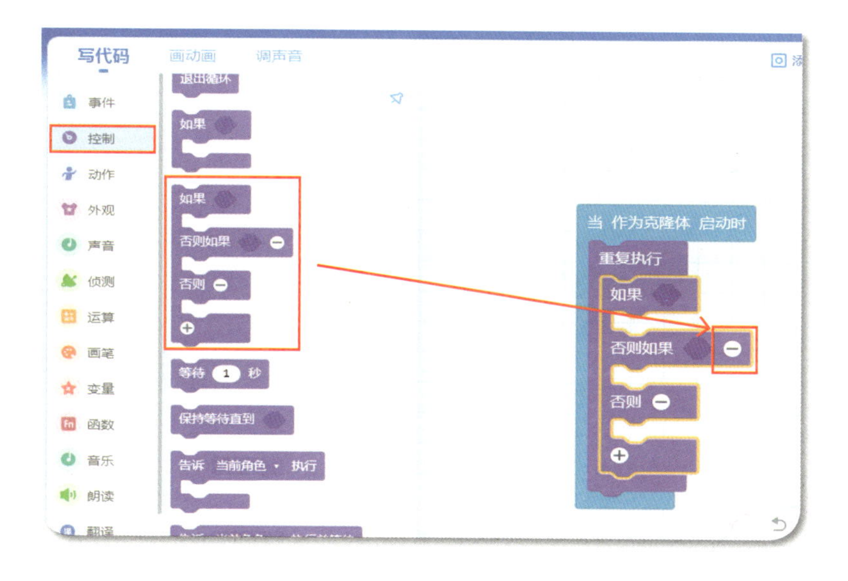

(4) 将鼠标移至积木块类别区，点击“侦测”标签，找到积木 当前角色 ▾ 碰到 ▾ 鼠标指针 ▾ ? ，并把它拖曳到积木块编辑区“如果”后的 里。

点击“鼠标指针”右侧的向下箭头，选择“花朵”。这样，我们就将碰到花朵作为“如果”的判断条件。

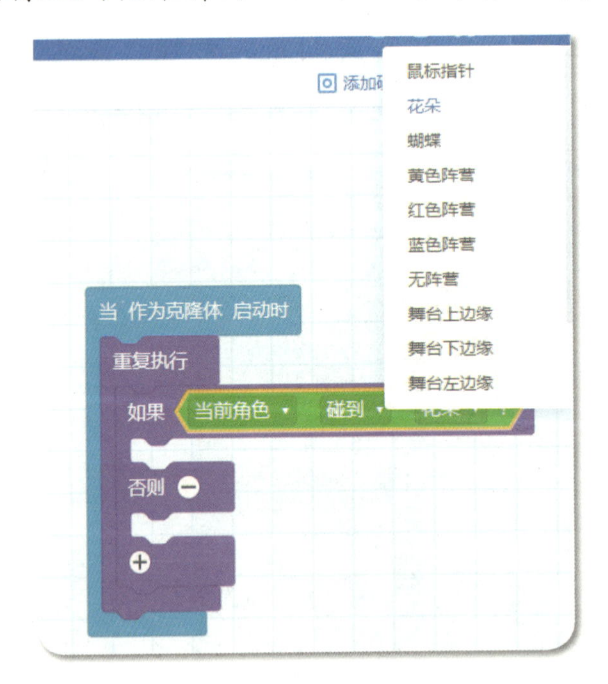

（5）将鼠标移至积木块类别区，点击“动作”标签，找到积木 以 10 速度移动，并把它拖曳到积木块编辑区，拼接到积木 

“如果”下的肚子里。点击 以 10 速度移动 中的白框，输入数“0”。这样，当“蝴蝶”遇到“花朵”时就会停止飞舞。

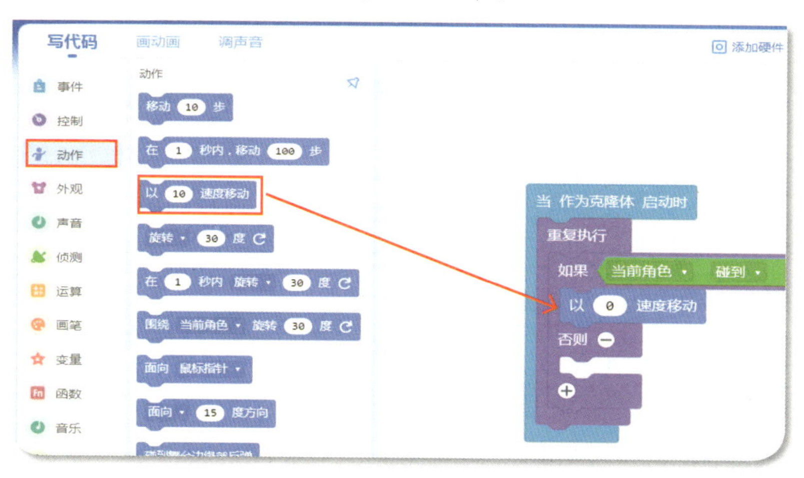


（6）将鼠标移至积木块类别区，点击“控制”标签，找到积木 等待 1 秒，并把它拖曳到积木块编辑区，拼接到积木 以 0 速度移动 的下方。点击 等待 1 秒 中的白框，输入数“3”。这样，蝴蝶就会停止飞舞 3 秒。

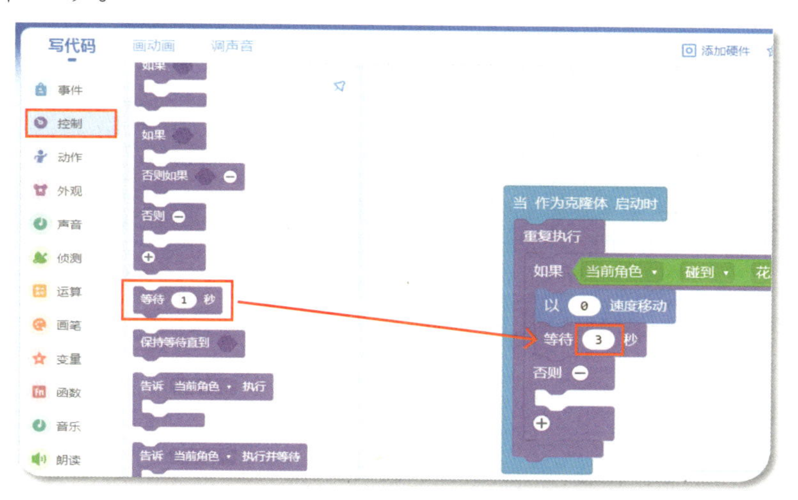

(7) 将鼠标移至积木块类别区的“动作”类积木，在积木块选择区中找到积木 移动 10 步，并把它拖曳到积木块编辑区，拼接到积木 等待 3 秒 的下方。点击 移动 10 步 中的白框，输入数“200”。这样，当“蝴蝶”在停止3秒就会移动一段距离，看起来就是“蝴蝶”离开了“花朵”。

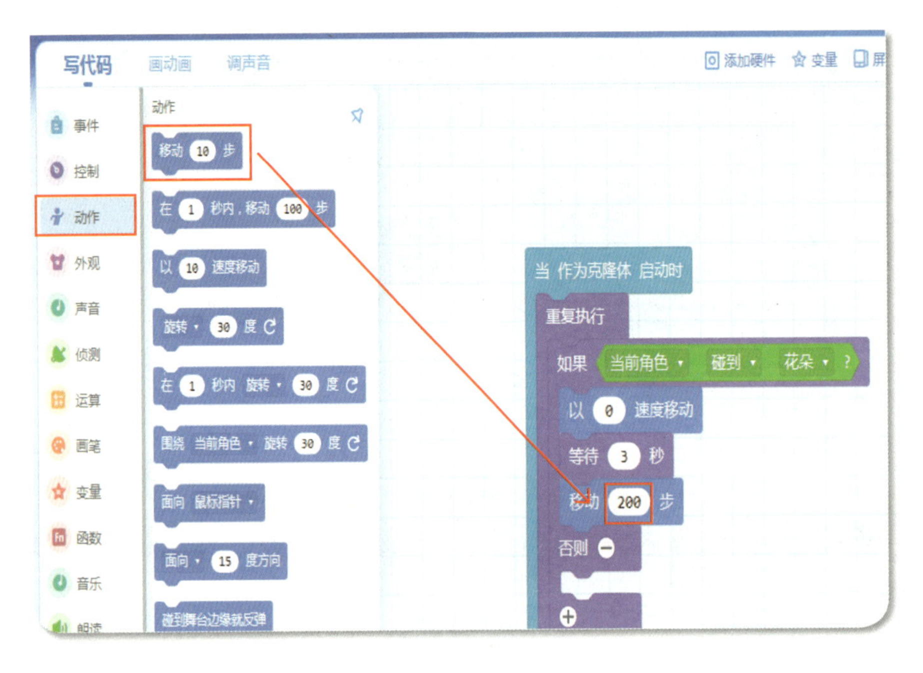


通过选择以上积木，我们就完成了当“蝴蝶”遇到“花朵”，会停在“花朵”上3秒钟，然后重新飞舞的过程。

接下来实现“蝴蝶”在空中随机飞舞的过程。

**步骤三：**“蝴蝶”在空中随机飞舞，遇到舞台边界就反弹。

(1) 将鼠标移至积木块类别区，点击“动作”标签，找到积木 旋转 30 度，并把它拖曳到积木块编辑区，拼接到积木  “否则”下的肚子里。

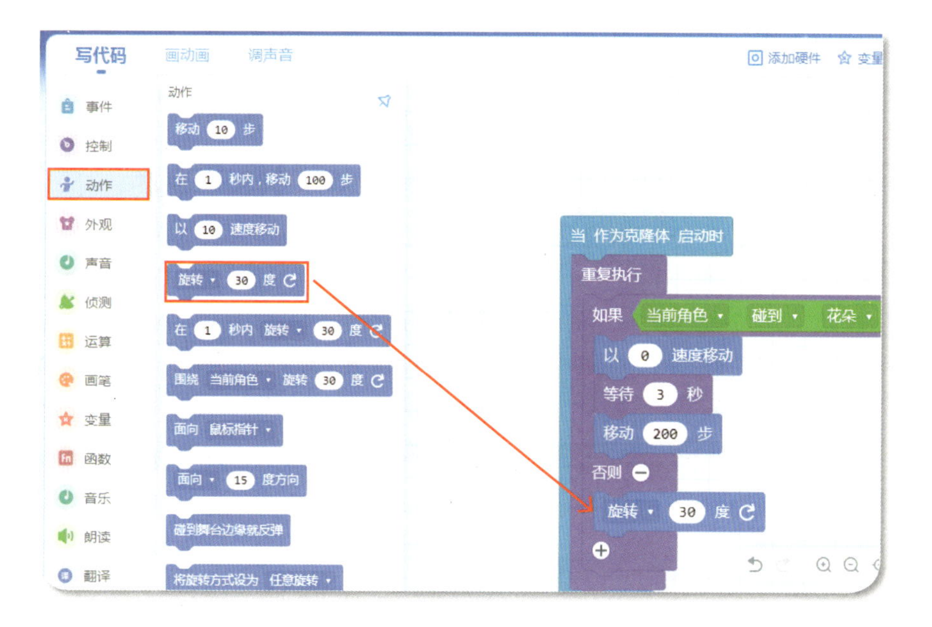


(2) 在“运算”类积木中，找到积木 在 0 到 5 间随机选一个整数 ，并把它拖曳到积木块编辑区，拼接到积木 旋转 30 度 的白框里。点击积木 在 0 到 5 间随机选一个整数 的第一个白框，输入数“–45”，点击积木 在 0 到 5 间随机选一个整数 的第二个白框，输入数“45”。这个积木的作用是让“蝴蝶”沿随机方向飞舞。

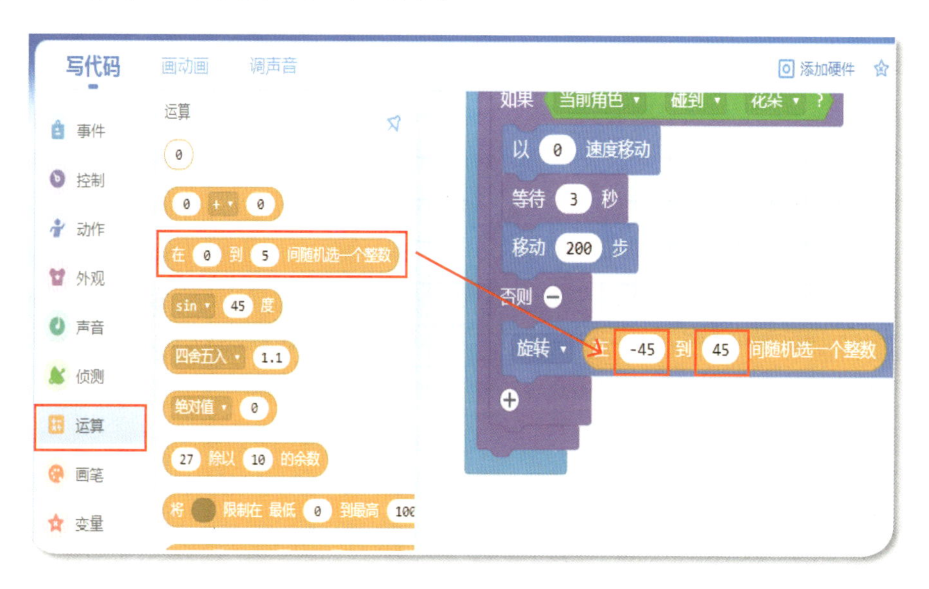

（3）在“动作”类积木中，找到积木 以 10 速度移动，并把它拖曳到积木块编辑区，拼接到积木 旋转 在 -45 到 45 间随机选一个整数 的下方。点击积木 以 10 速度移动 的白框，输入数“2”，这是蝴蝶飞行的速度。

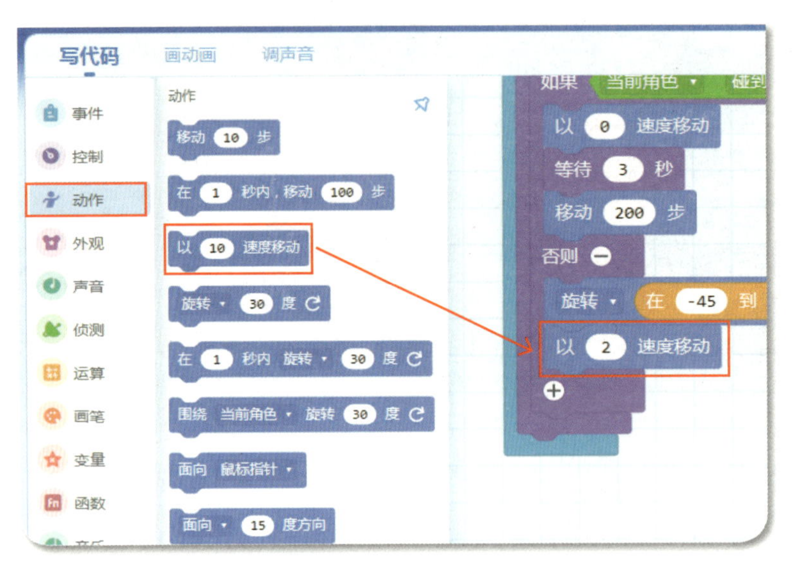


（4）将鼠标移至积木块类别区的“动作”类积木，在积木块选择区中找到积木 碰到舞台边缘就反弹，并把它拖曳到积木块编辑区，拼接到积木 以 2 速度移动 的下方。这个积木让蝴蝶遇到舞台边界就反弹回来继续飞舞。

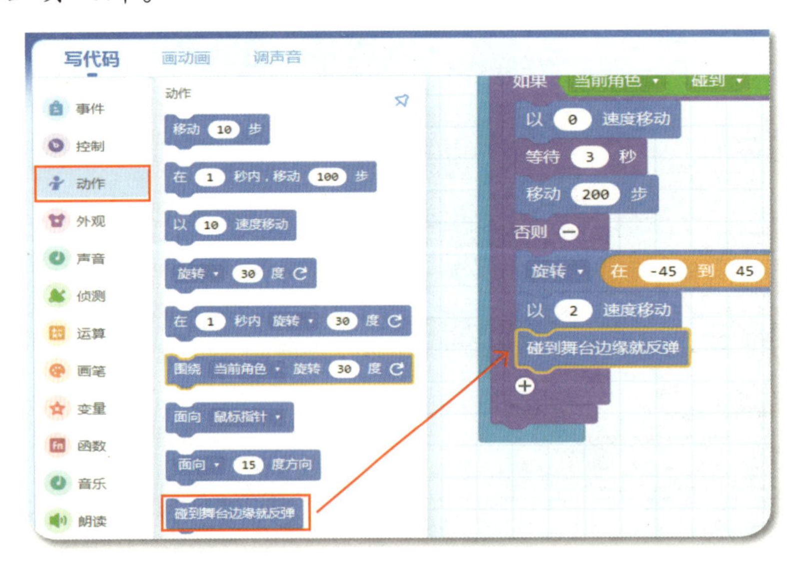

(5) 将鼠标移至积木块类别区，点击“动作”标签，找到积木 抖动 1 秒，并把它拖曳到积木块编辑区，拼接到积木 碰到舞台边缘就反弹 的下方。点击积木 抖动 1 秒 的白框，输入数“2”。这个积木使“蝴蝶”飞舞时抖动，这样看起来就更逼真了。

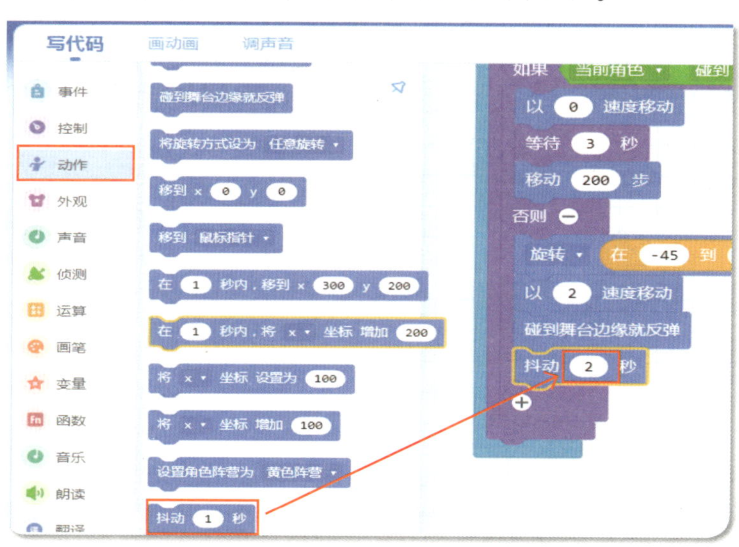


现在，“蝴蝶”飞舞的编程过程就结束了。

## 4.3.5 运行程序

点击舞台编辑区内的“运行”按钮，看看动画的效果吧！

### 4.3.6 保存文件

完成了前面的编程，不要忘记保存这个作品哦。首先登录扣叮账户，然后点选菜单栏右边的 保存 按钮，程序就保存在腾讯扣叮账户里啦。

如果想让其他小朋友也看到我们的程序，就点击 发布 按钮，这样我们的作品就发布在腾讯扣叮平台上了。

如果我们想把作品保存到本地电脑里，可以点击菜单栏左边的“文件”按钮，选择“导出到电脑”命令，刚刚完成的作品就下载到电脑中了。

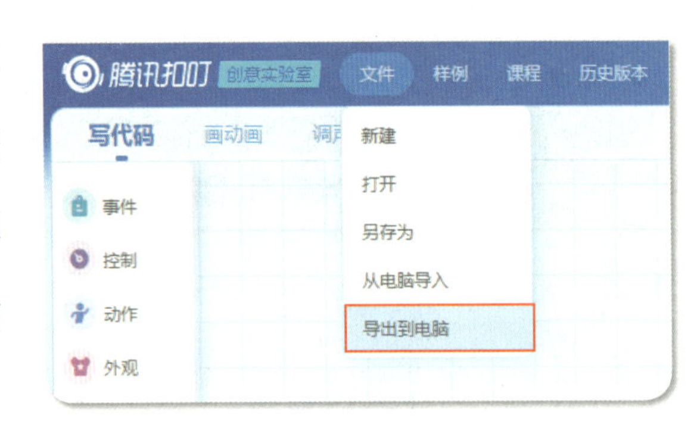


## 4.4 编程之路

现在，我们一起来回顾这次编程之旅吧。

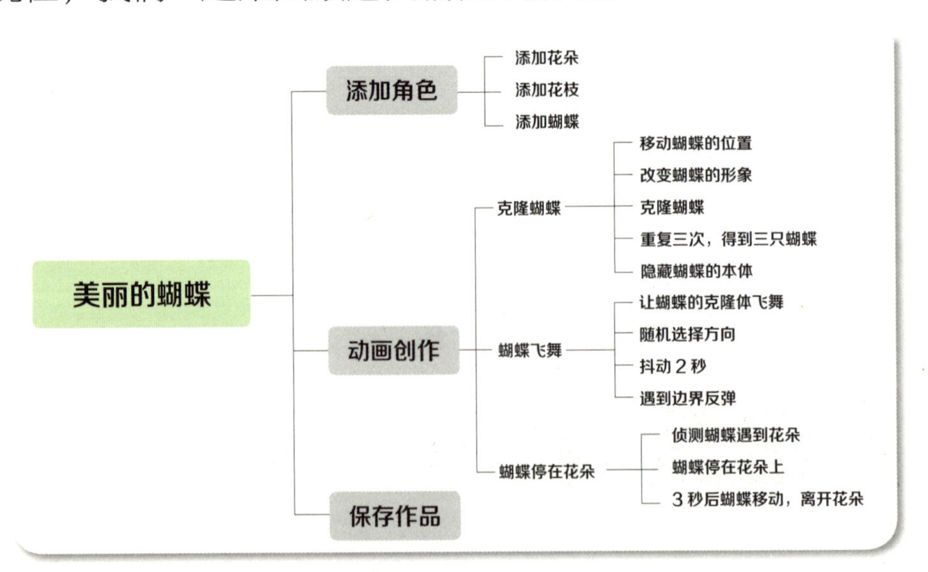

# 向阳的向日葵

笑笑和萌萌发现植物园里的向日葵一直随太阳转动。在学习了这种现象背后的科学道理后，他们一起学习制作向阳而动的向日葵动画。

“我们还有好多任务要完成。”，说着说着，她们就走到了有向日葵的地方。虽然算不上花海，但是，那里也有很多向日葵。旁边的介绍牌上写着简单的介绍：向日葵为一年生草本植物，头状花序极大，可以称之为标准的花盘，直径约 10~30 厘米。花期 7~9 月，果期 8~9 月。种子含油量很高，为半干性油，可食用。

看完以后，笑笑和萌萌异口同声地说：“又是一个可以被食用的植物！”

“可是，向日葵为什么能随着太阳转动呢？”萌萌突然提出问题。讲解员笑着回答道：“向日葵的花盘会随着太阳转动，是因为它的茎部的生长素一见到阳光就会跑到背光的一面，促使背光的一面比向光的一面生长得快，导致花盘随着太阳转动。”

小朋友，让我们一起来画一朵向日葵吧！根据上面的介绍，你们能把向日葵花盘随太阳转动的过程用编程的方式展现出来吗？

## 5.1 演示程序

我们观察到向日葵的花盘会随着太阳位置的变化而转动，但花茎和叶子不会移动。扫描右边的二维码，看看编程实现的效果吧。

点击屏幕中的 运行 按钮运行程序，然后点击太阳，向日葵就会随着太阳转动啦。

## 5.2 解锁编程技能

编完这个程序，你将获得以下新技能：

- （1）角色运动方向的控制
- （2）角色之间的控制
- （3）鼠标事件

## 5.3 一步一步学编程

小朋友，让我们一起完成随太阳转动的向日葵吧。

### 5.3.1 准备好编程资源

需要准备好相关编程资源，这个环节可以找家长或老师帮忙哦，但是，要记得文件存放的位置。

步骤一：将图书配套资源文件的压缩包下载到计算机。

步骤二：将资源文件解压缩并保存到指定位置。

步骤三：打开第 5 章文件夹，确认包括这些文件："第 5 章向阳的向日葵 .cdc""背景 .jpg""太阳 .png""向日葵 1.png""向日葵 2.png""向日葵 3.png""向日葵 4.png""向日葵 5.png"。

### 5.3.2 新建项目

点击菜单栏中的"文件"按钮，点选"新建"命令，然后在已选素材区点击"空白项目"图标。

### 5.3.3 添加背景与角色

现在，我们布置舞台背景，并把“太阳”和“向日葵”角色放到舞台上。

步骤一：布置舞台背景。

(1) 点击已选素材区“背景”右下角的编辑按钮，点击左侧的“本地上传”，在弹出的“打开”对话框中，点选“背景.jpg”图标，点击“打开”按钮。

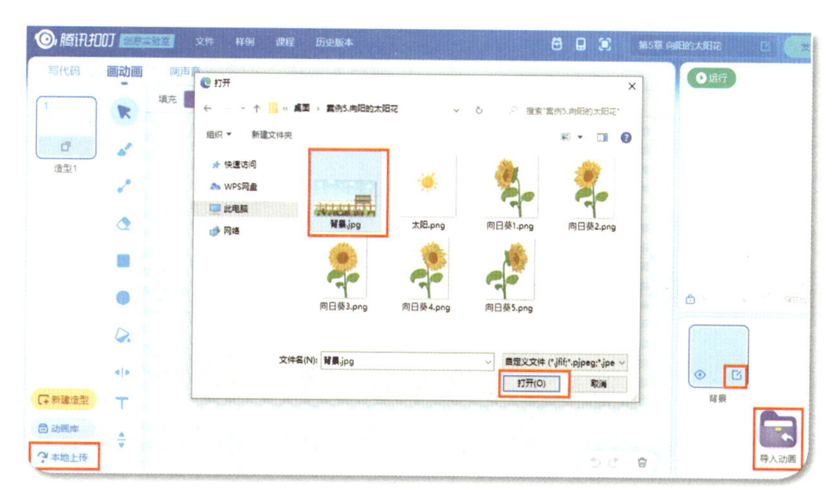


(2) 删除背景的多余造型。将鼠标移到左侧“预览效果”中的造型 1 上，点击右上角的 ⊗ 按钮，这样就删除了“造型 1”。

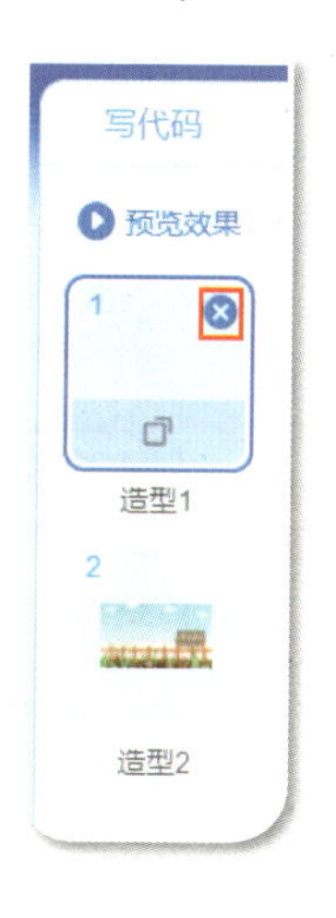

**步骤二：**添加“太阳”角色。

(1) 在已选素材区点击右下角的“导入动画”按钮，在弹出的“打开”对话框中，点选“太阳.png”图标，点击“打开”按钮。

(2) 调整太阳的大小与位置。在舞台预览区的底部，点击“x:”标签右侧的方框，输入数“-500”。点击“y:”标签右侧的方框，输入数“180”。点击“缩放比：”标签右侧的方框，输入数“60”。（小朋友也可以用鼠标拖动“太阳”图标的右下角标识适当缩放，自行调整“太阳”的大小。）此时，太阳就会以合适的大小出现在舞台左上方。

(3) 重命名角色。在已选素材区找到“太阳.png”角色素材，点击角色下面的白框，再次点击角色名字，启动重命名功能，输入文字“太阳”。

步骤三：添加“向日葵”角色。

(1) 在已选素材区点击“导入动画”按钮，在弹出的“打开”对话框中，点选“向日葵1.png”图标，点击“打开”按钮。

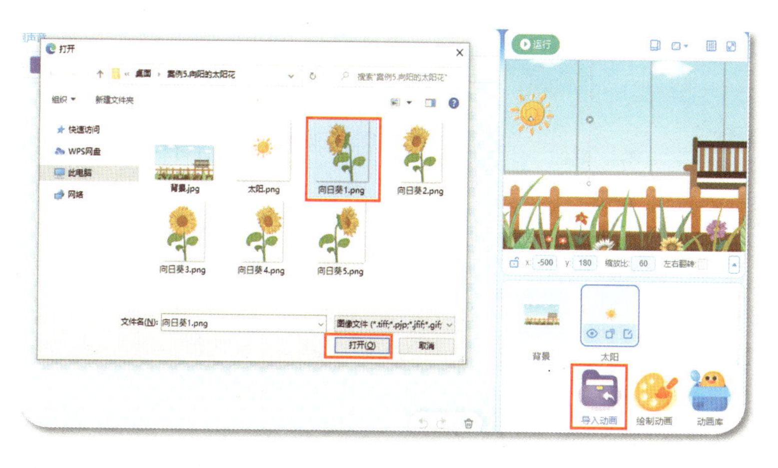

(2) 调整向日葵的大小与位置。在舞台预览区的底部，点击“x:”标签右侧的方框，输入数“10”。点击“y:”标签右侧的方框，输入数“−270”。点击“缩放比:”标签右侧的方框，输入数“50”。（小朋友也可以自己定适当的“缩放比”。）这样，向日葵就以合适的大小出现在舞台正下方了。

(3) 添加“向日葵”角色的第 2 个造型。点击脚本编辑区上方的“画动画”标签按钮，点击左下方的“本地上传”按钮。在弹出的“打开”对话框中，点选“向日葵 2.png”图标，点击“打开”按钮。

(4) 添加“向日葵”角色的其他造型。再次点击左下方的“本

地上传”按钮，在弹出的“打开”对话框中，点选“向日葵3.png”图标，点击“打开”按钮。这样，我们就成功添加了向日葵的第3个造型。

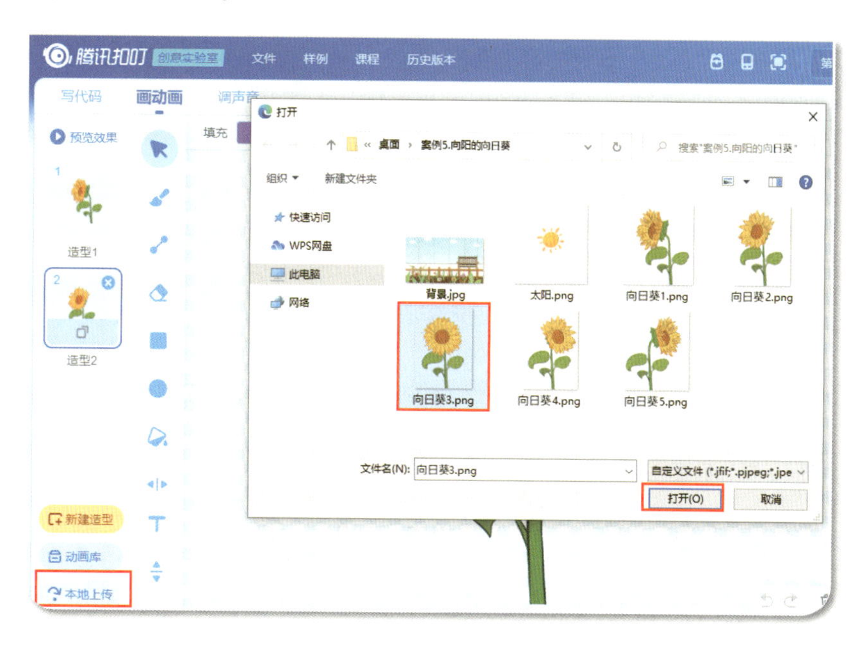


类似地，我们添加剩余2个造型：“向日葵4.png”和“向日葵5.png”。

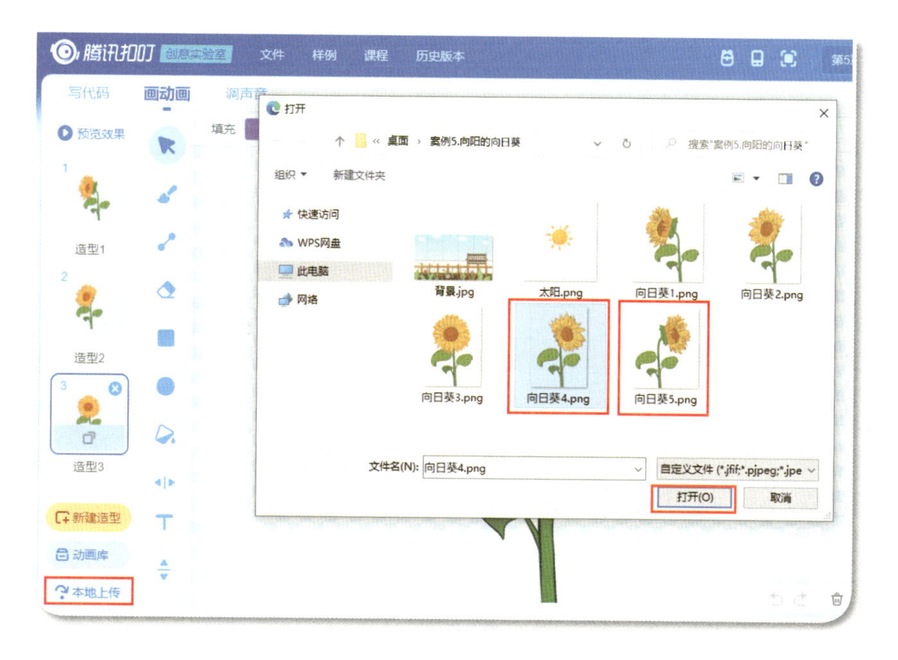

(5) 重命名角色。在已选素材区找到“向日葵1.png”角色素材，点击角色下面的白框，再次点击角色名字，启动重命名功能，输入文字“向日葵”。

## 5.3.4 编写程序

接下来，我们开始设计向日葵花盘随着太阳转动的程序。

步骤一：设置太阳从屏幕左边到右边运行，模拟大自然中太阳的东升西落。

(1) 点击已选素材区的“太阳.png”角色素材，点击脚本编辑区上方的“写代码”标签按钮。将鼠标移至积木块类别区的“事件”类积木，在积木块选择区中找到积木 当角色被 点击，并把它拖曳到积木块编辑区。

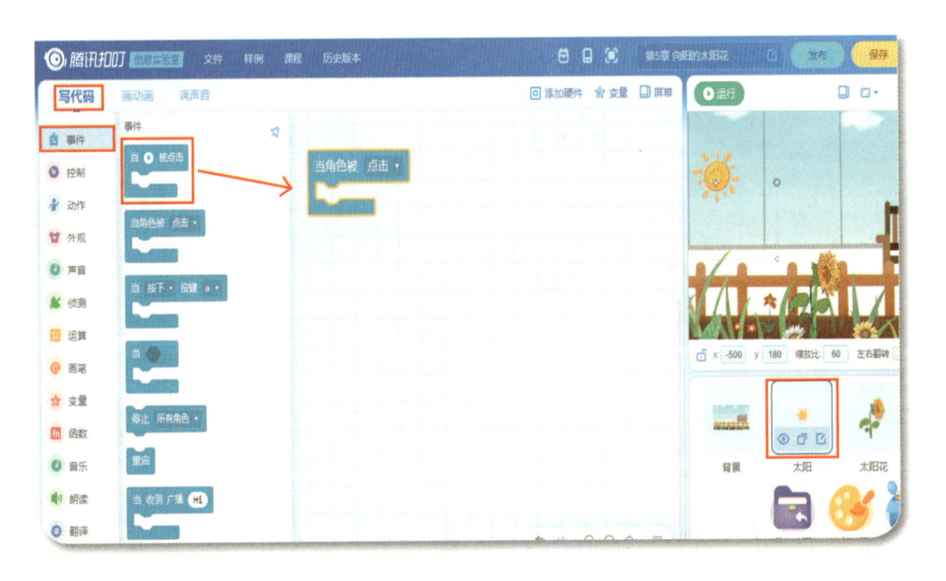

（2）在积木块类别区的“动作”类积木中找到积木 在 1 秒内，移到 x 300 y 200，把它拖曳到积木块编辑区 当角色被 点击 的肚子里。

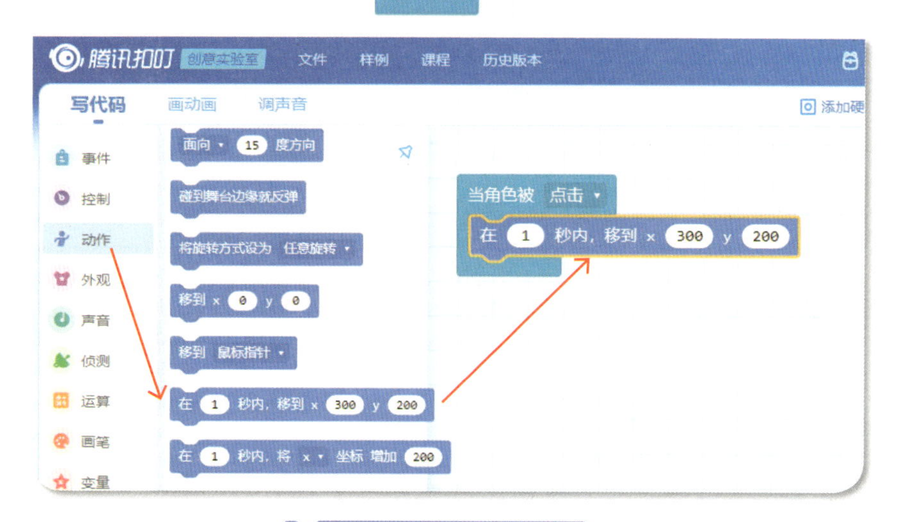


（3）点击积木 在 1 秒内，移到 x 300 y 200 中的第 1 个白框，输入数“2”。点击第 2 个白框，输入数“–300”，点击第 3 个白框，输入数“300”。这样，我们就可以通过坐标控制“太阳”的转动方向，让“太阳”在 2 秒内，从初始位置出发，沿着右上方向，升到左半空中。

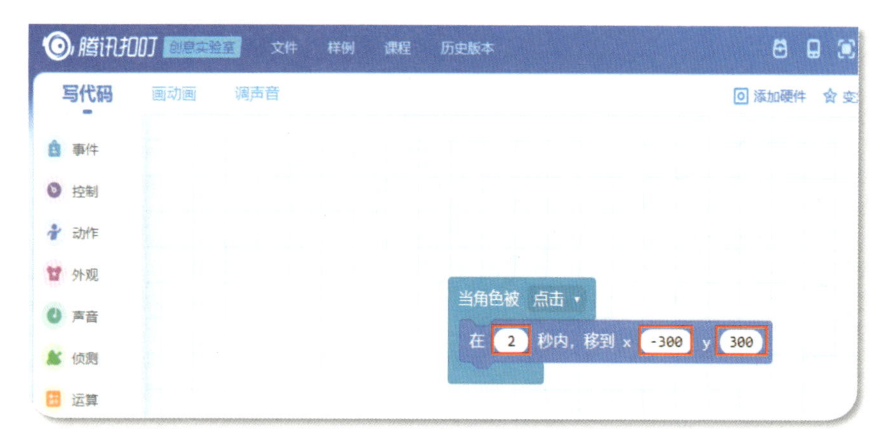


（4）接着，在积木块类别区的“动作”类积木中找到积木 在 1 秒内，移到 x 300 y 200，并把它拖曳到积木块编辑区，拼接到

在 2 秒内，移到 x -300 y 300 的下方。点击 在 1 秒内，移到 x 300 y 200 中的白框，依次输入数“2”“0”“350”。意思是在 2 秒内，“太阳”将从左半空升至正上空。

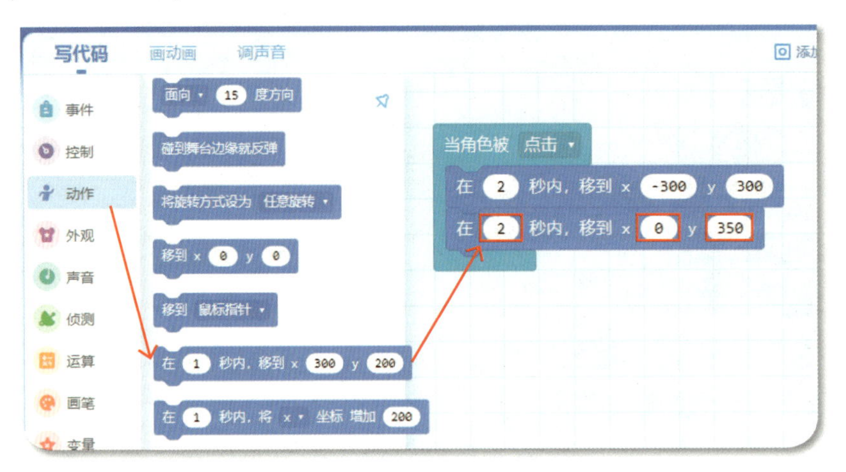


(5) 类似地，在积木块类别区的“动作”类积木中找到积木 在 1 秒内，移到 x 300 y 200，并把它拖曳到积木块编辑区，拼接到 在 2 秒内，移到 x 0 y 350 的下方。点击 在 1 秒内，移到 x 300 y 200 中的白框，依次输入数“2”“300”“300”。那么在 2 秒内，“太阳”会从正上空下降到右半空。

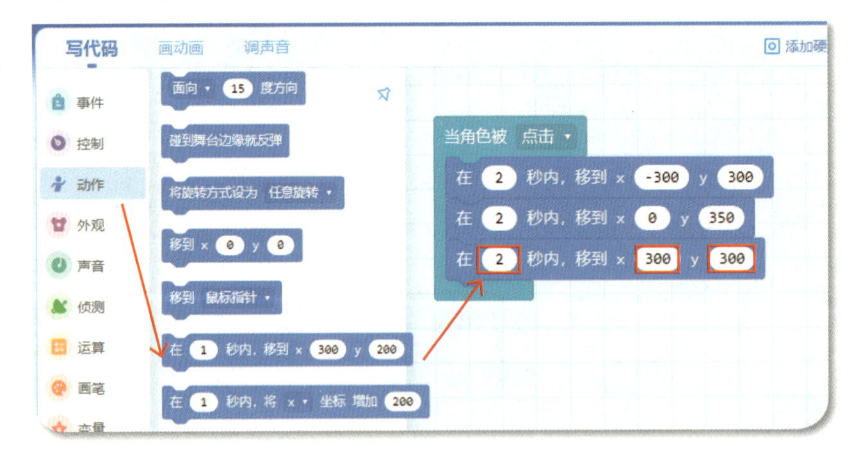


(6) 在积木块类别区的“动作”类积木中找到积木 在 1 秒内，移到 x 300 y 200，并把它拖曳到积木块编辑区，拼接到 在 2 秒内，移到 x 300 y 300 的下方。

点击 在 1 秒内，移到 x 300 y 200 中的白框，依次输入数“2”“500”“180”。此时，“太阳”在 2 秒内，沿右下方向，从右半空下降。

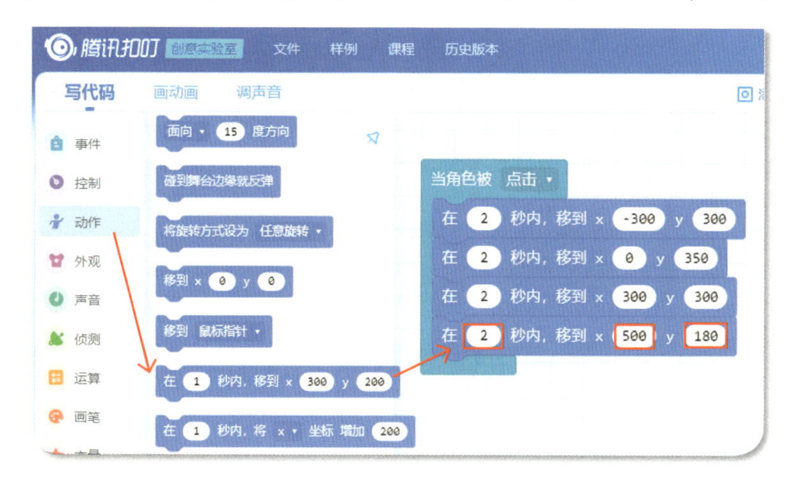


通过以上程序，我们制作出了“太阳”的东升西落。小朋友可以点击舞台预览区的“运行”按钮，看看“太阳”有没有从东边升起，往西边落下。接下来我们要想办法让“向日葵”的花盘随“太阳”的位置变化而发生转动。

**步骤二：使太阳和花盘依次呈现造型。**

(1) 在积木块类别区的“控制”类积木中找到积木 告诉 当前角色 执行，并把它拖曳到积木块编辑区，拼接到 在 2 秒内，移到 x -300 y 300 的下方。

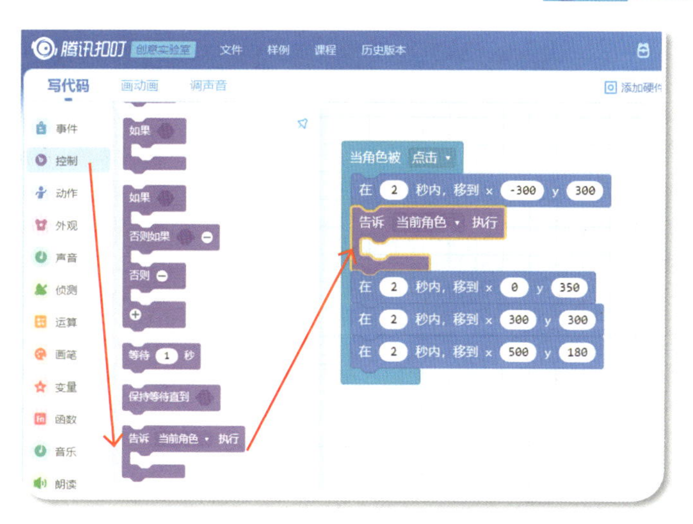

(2) 点击积木 告诉 当前角色 执行 中的三角形箭头图标，点选“向日葵”命令。

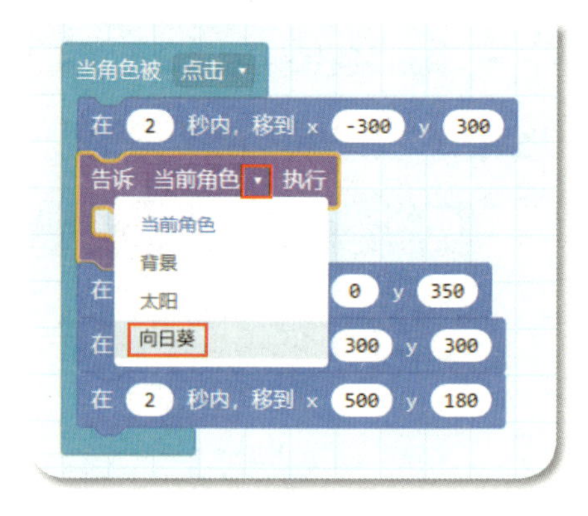


(3) 在积木块类别区的“外观”类积木中找到积木 切换到编号为 1 的造型，并把它拖曳到积木块编辑区 告诉 向日葵 执行 的肚子里。点击 切换到编号为 1 的造型 中的白框，输入数“2”。这样，当“太阳”上升到左半空中时，“向日葵”就会切换到编号为 2 的造型，花盘方向变成半左侧。

(4) 将鼠标放在积木 告诉 向日葵 执行 上，点击鼠标左键，点选“复制当前块”命令，就会得到另一个一样的积木块。

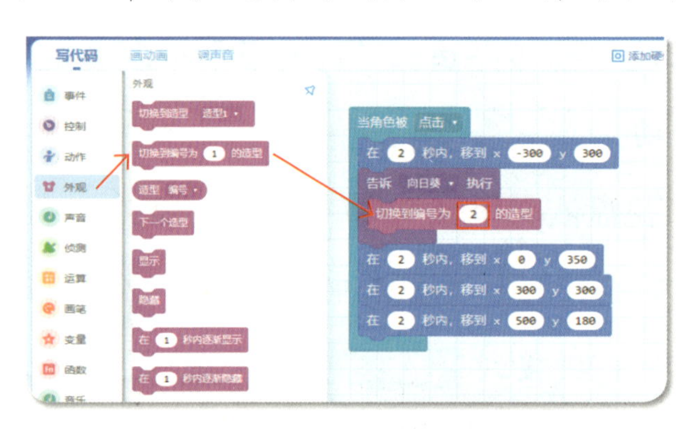


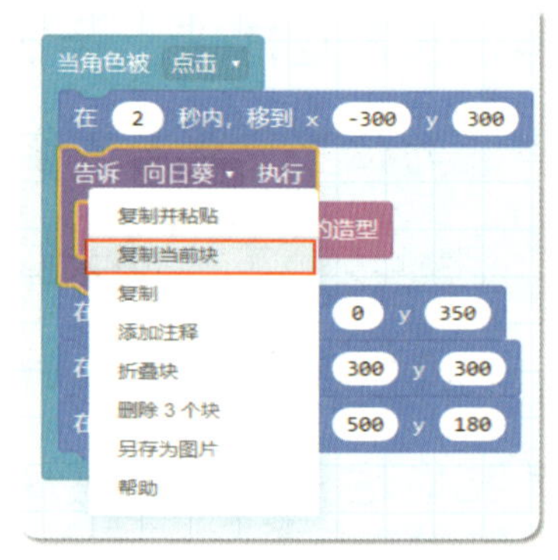


将复制得到的积木块  拼接到  的下方。

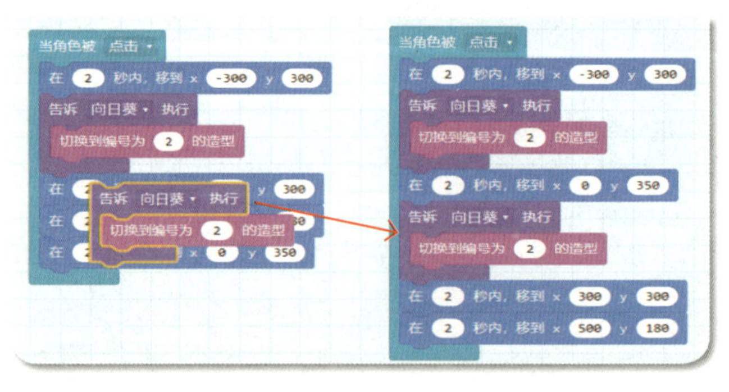

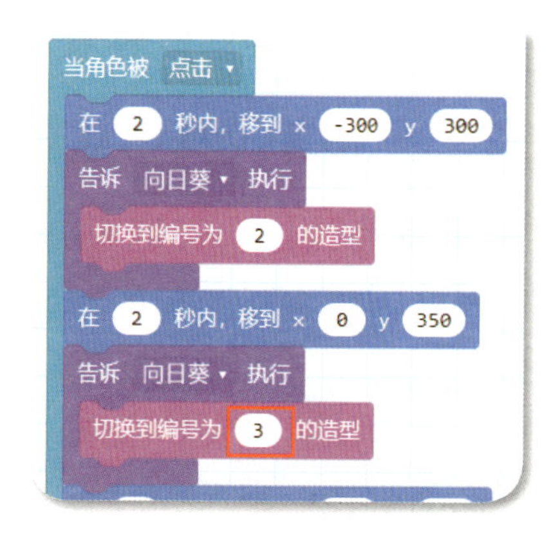


（5）点击 切换到编号为 2 的造型 中的白框，输入数“3”。此时，当“太阳”的位置在正上空时，“向日葵”的造型从编号 2 切换到编号 3，花盘从半左侧变成正面。

（6）类似步骤（4），将鼠标放在积木 告诉 向日葵 执行 上，点击鼠标左键，点选“复制当前块”命令。

重复这一步骤 2 次，得到 2 个一样的积木块 。

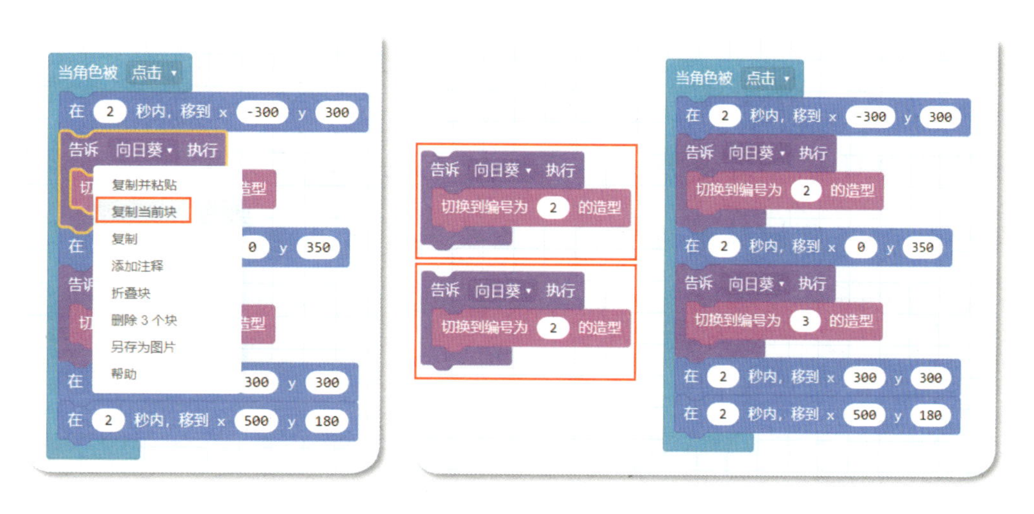


（7）先将第 1 个积木块 告诉 向日葵 执行 切换到编号为 2 的造型 拼接到 在 2 秒内，移到 x 300 y 300 的下方，点击 切换到编号为 2 的造型 中的白框，输入数“4”。然后将第 2 个积木块 告诉 向日葵 执行 切换到编号为 2 的造型 拼接到 在 2 秒内，移到 x 300 y 300 的下方，点击 切换到编号为 2 的造型 中的白框，输入数“5”。于是，随着“太阳”从正上空下降到右半空，再继续下降，"向日葵"的造型从编号3切换到编号4，最后切换到编号5，花盘也从正面变成半右侧，最后变成完全右侧。

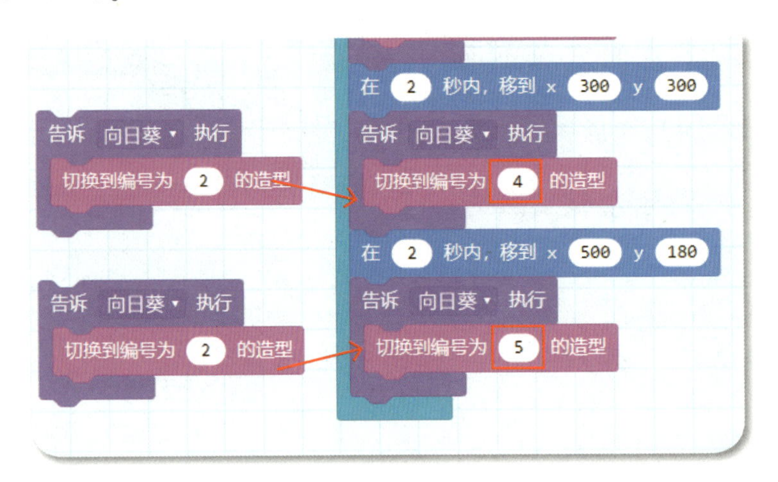


(8) 将"向日葵"的造型1设置为初始造型。点击已选素材区的"向日葵"角色素材，点击脚本编辑区上方的"画动画"标签按钮。将鼠标移至左侧"预览效果"中的造型1上，点击鼠标左键。小朋友注意了，这一步很重要哦！它代表我们的"向日葵"将从造型1开始变化。

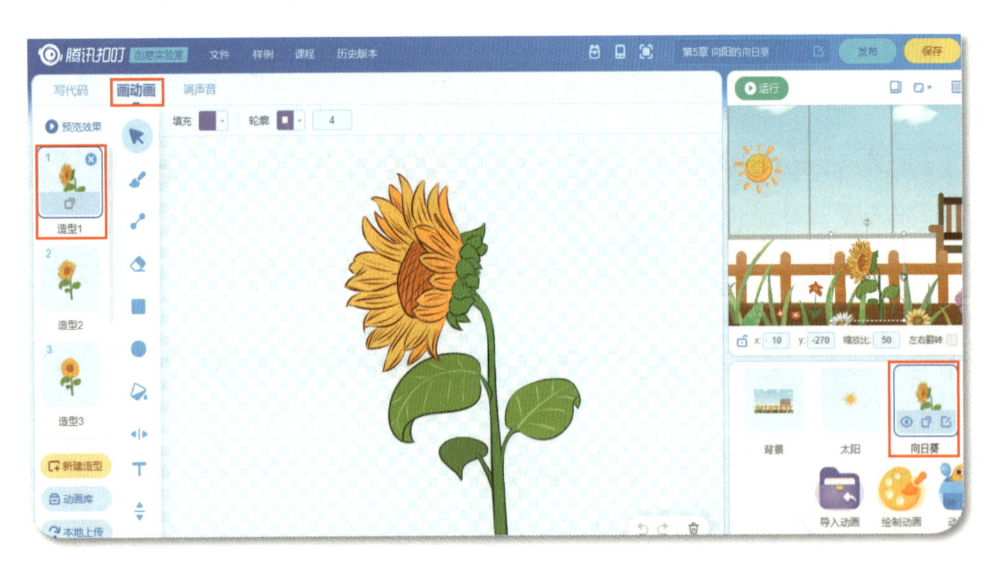

完成以上所有步骤后，我们得到了如下代码：

```
当角色被 点击
在 2 秒内，移到 x -300 y 300
告诉 向日葵 执行
    切换到编号为 2 的造型
在 2 秒内，移到 x 0 y 350
告诉 向日葵 执行
    切换到编号为 3 的造型
在 2 秒内，移到 x 300 y 300
告诉 向日葵 执行
    切换到编号为 4 的造型
在 2 秒内，移到 x 500 y 180
告诉 向日葵 执行
    切换到编号为 5 的造型
```

### 5.3.5 运行程序

点击舞台预览区左上角的 运行 按钮，然后用鼠标单击“太阳”。看一看动画效果吧！下面是运行前后的效果对比图。

运行前：

运行后：

### 5.3.6 保存文件

完成了前面的编程，不要忘记保存这个作品哦。首先登录扣叮账户，然后点选菜单栏右边的 保存 按钮，程序就保存在腾讯扣叮账户里啦。

如果想让其他小朋友也看到我们的程序，就点击 发布 按钮，这样我们的作品就发布在腾讯扣叮平台上了。

如果我们想把作品保存到本地电脑里，可以点击菜单栏左边的“文件”按钮，选择“导出到电脑”命令，刚刚完成的作品就下载到电脑中了。

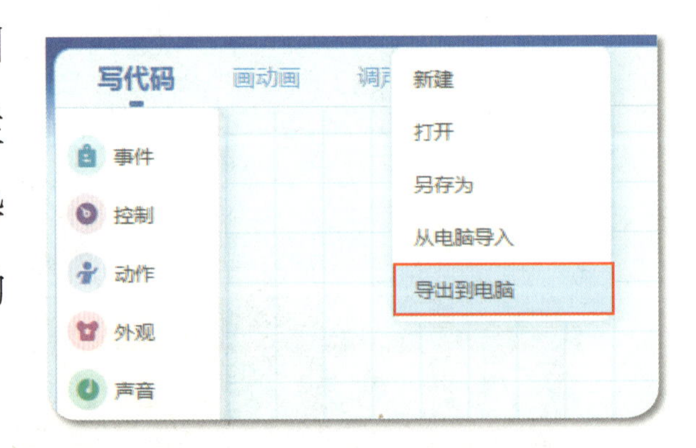

## 5.4 编程之路

现在，我们一起来回顾这次编程之旅吧。

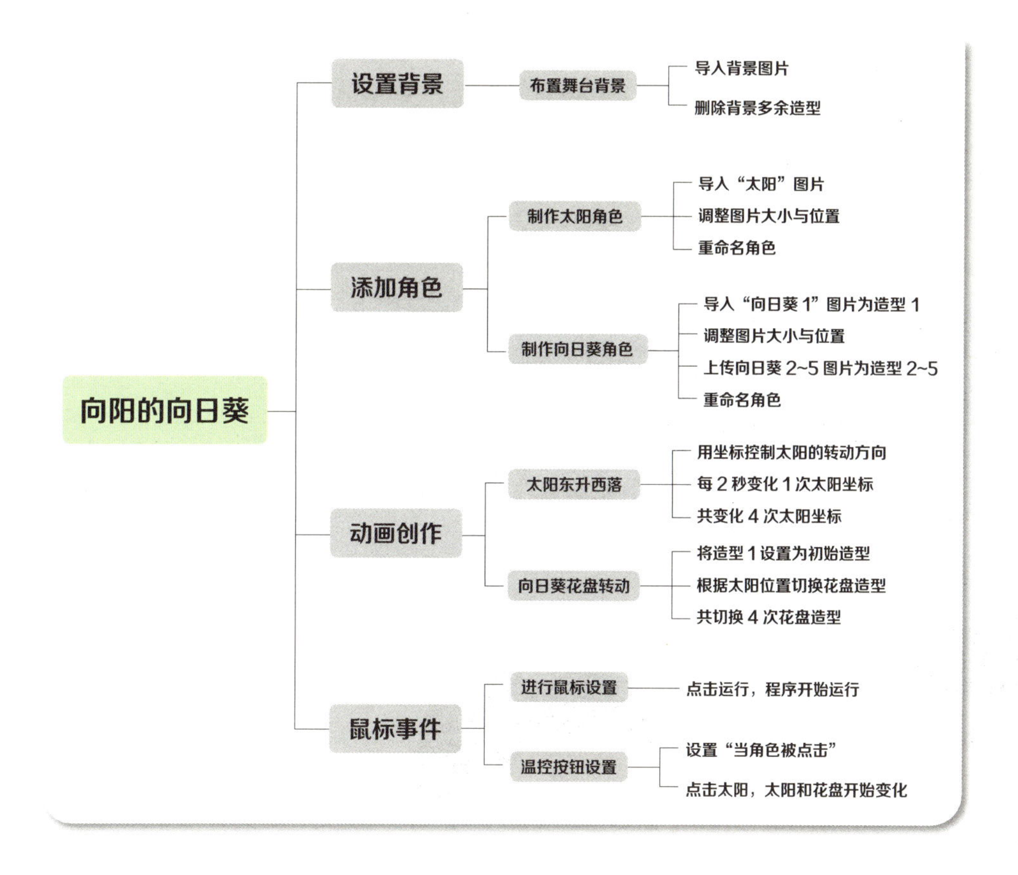

# 植物的好伙伴——变色龙

笑笑和萌萌在树丛中发现了一只可爱的变色龙。讲解员带着他们观察了变色龙是如何变色的。小朋友，你知道变色龙会根据不同的环境改变自身的颜色吗？它可是一个“伪装高手”呢。

“太棒啦！我们已经找到了四叶草和向日葵，如果再找到捕蝇草和含羞草，就完成老师交给我们的任务啦！”笑笑拍手欢呼道。“可是，我们怎么才能找到其余的两种植物呢？”萌萌挠着小脑袋嘟囔着。笑笑想了想，说：“这两种草都喜欢长在低矮的地方，要不咱们仔细看看树木的下面？”萌萌觉得笑笑说得很有道理，于是两个小伙伴猫着腰，在树根处仔细地寻找他们想要找的那两种植物。

当他们走到一棵树下的时候，不经意间发现树干上有一块突起物，看起来跟树干其他部分不太一样，笑笑想要伸手的时候，发现那块突起物动了。“呀！”笑笑吓得把手缩了回来。仔细看去，那是一只长相奇怪的小动物，像只小恐龙。被吓到的笑笑找来讲解员阿姨问：“阿姨，请问这是什么？”

讲解员阿姨解释说：“这是变色龙，它属于蜥蜴亚目避役科爬行类，生活在雨林或热带大草原上，但主要生活在树上。它们的体长约为15~25厘米，身体侧扁，两侧扁平，头呈三角形，尾常卷曲，眼凸出，两眼可独立地转动，它们有长长的舌头，以捕捉蟋蟀等昆虫为食。这些小家伙身怀绝技，变色、动眼和吐舌是它们经常表演的3套绝活，它们最拿手的绝活儿就是变色。一般情况下，它们的皮肤颜色是绿色，但随着背景、温度和心情的变化，会变成深绿、浅绿、紫、蓝、褐色等颜色，甚至可以变出各色相间的花纹色。变色能帮助它们躲避天敌、传情达意。

变色龙是一种“善变”的树栖爬行类动物。

“啊！怪不得这个小家伙现在的颜色跟这块树皮的颜色一模一样呢！若不仔细看，我们还真的很难发现这里有一只小动物呢！”萌萌开心地说。

“对呀，你们看，变色龙是不是特别像这些植物的好朋友呢？它们到哪里都跟这些植物穿着一样的衣服。”讲解员阿姨打趣道。两个小伙伴听后笑着说：“是呀，是呀，变色龙真的太可爱了！”

让我们一起去看看这个“伪装高手”是怎样变身的吧。

## 演示程序

我们观察到：当变色龙趴在某种颜色的背景里的时候，它很快就会将自己身体的颜色变成与背景颜色类似的颜色，看起来就像是消失了一样。扫描下图的二维码，我们来看看编程实现的效果吧！

点击屏幕中的运行 按钮运行程序，把变色龙拖动到不同色块上，看看会发生什么吧。

## 6.2 解锁编程技能

编完这个程序，你将获得以下新技能：

- （1）颜色的使用
- （2）造型的时间控制
- （3）角色的拖动

## 6.3 一步一步学编程

小朋友，现在就和老师一起来完成植物的好伙伴——变色龙的故事片段吧。

### 6.3.1 准备好编程资源

准备好相关编程资源，这个环节可以找家长或老师帮忙哦，但是，要记得文件存放的位置。

步骤一：将图书配套资源文件的压缩包下载到计算机。

步骤二：将资源文件解压缩并保存到指定位置。

步骤三：打开其中的第 6 章文件夹，确认是否包括文件夹“变色龙”、“九宫格.jpg”和“第 6 章 植物的好伙伴——变色龙.cdc”。

### 6.3.2 新建项目

点击菜单栏中的“文件”按钮，点选“新建”命令，然后在已选素材区点击“空白项目”图标。

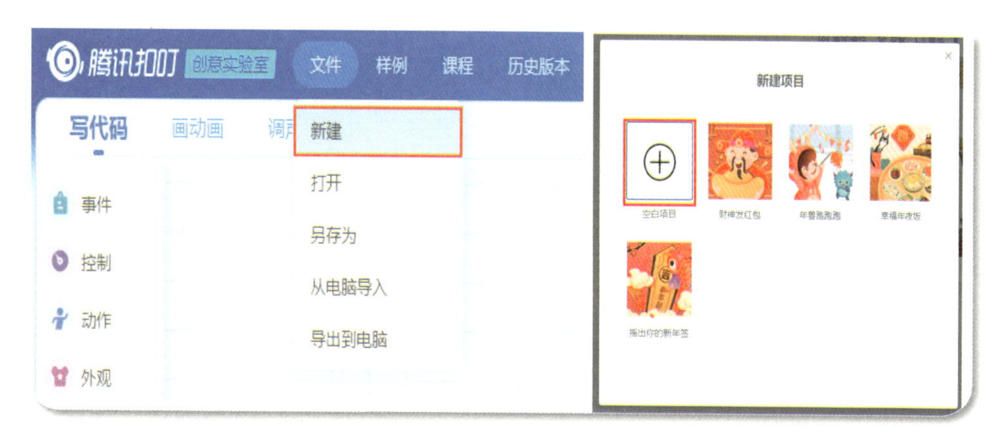


### 6.3.3 添加背景与角色

接下来，我们正式开始制作变色龙的变色程序啦！

打开腾讯扣叮编程平台，布置好舞台背景，邀请故事角色上场。

步骤一：背景的设置。

(1) 先点击已选素材区的“背景”图标，再点击脚本编辑区的“画动画”标签按钮，然后点选左下方的“本地上传”按钮。

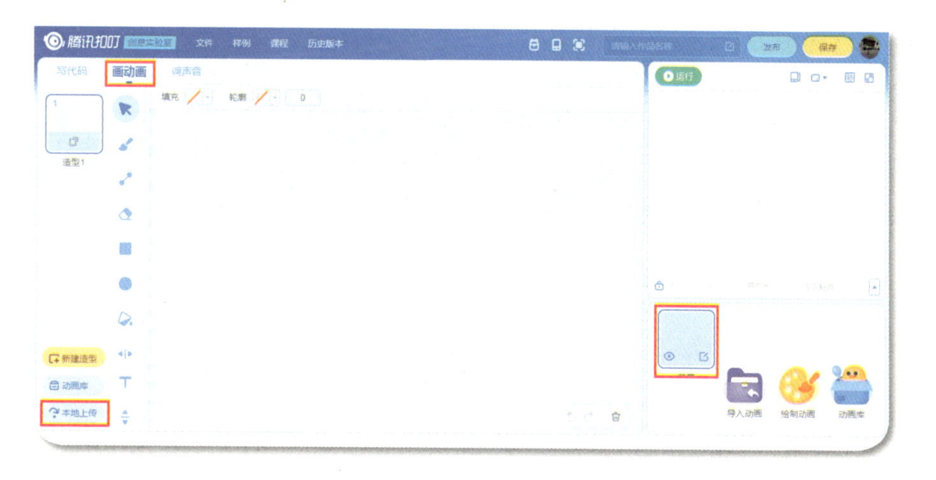

(2) 在弹出的“打开”对话框中，点选“九宫格.jpg”图标，点击“打开”按钮。

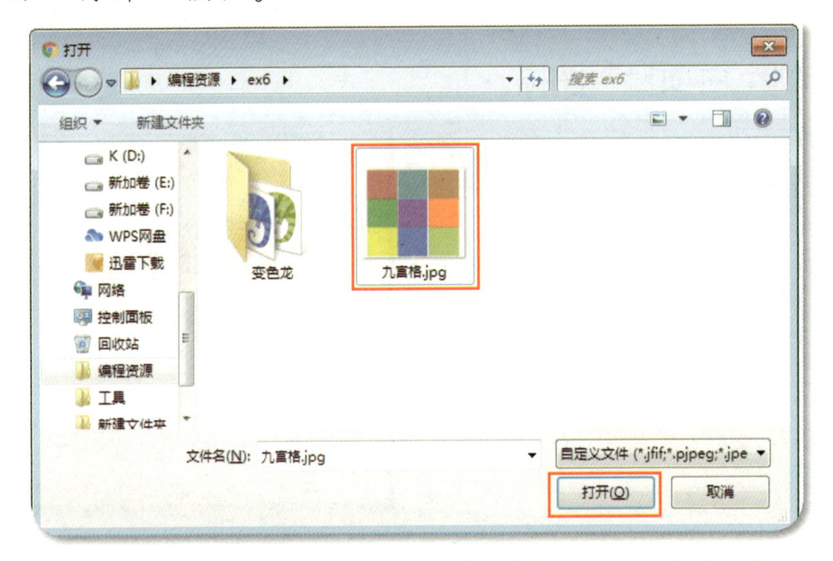


(3) 点选“造型 1”，点击“⊗”按钮，点击“确认”按钮，这样就删除了“造型 1”。此时“造型 1”为空白，在之后的程序中不再需要。

步骤二：添加“变色龙”角色。

(1) 点击已选素材区的“导入动画”图标，在弹出的“打开”对话框中，点选“变色龙”文件夹图标，点击“打开”按钮。

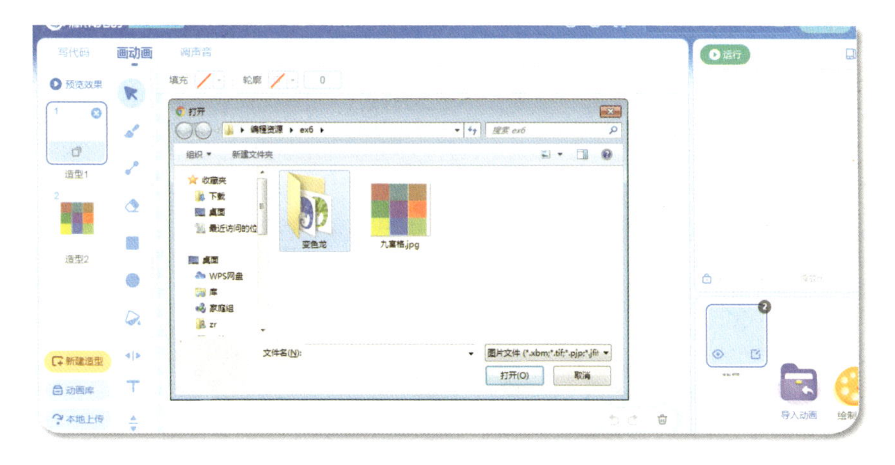

点选第一个变色龙图片“1.png”图标，点击“打开”按钮。

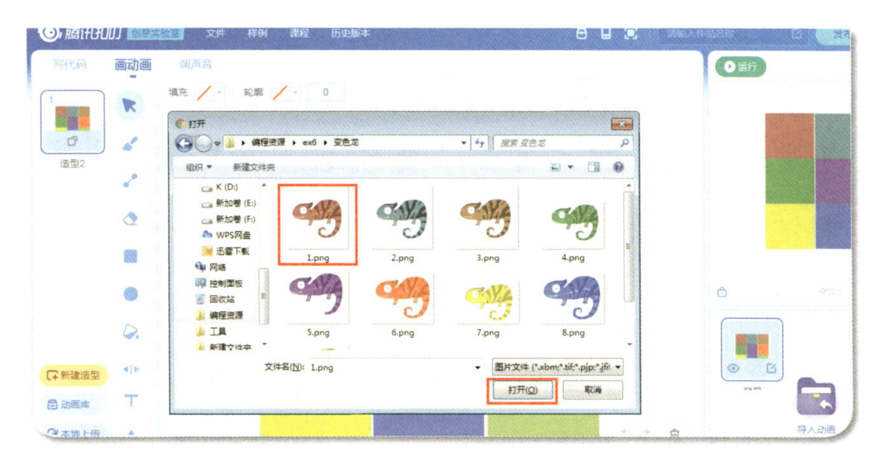

这样就成功添加了第一个“变色龙”角色。

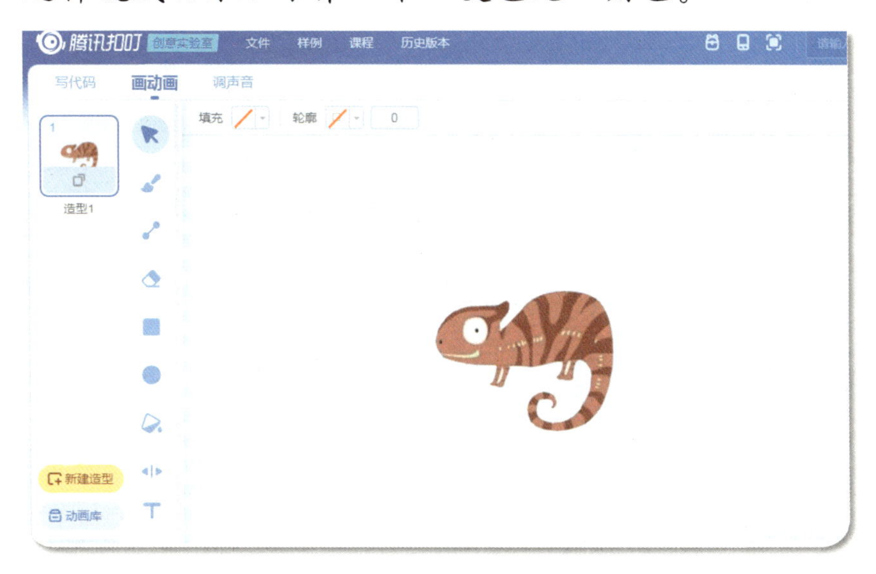

(2) 为“变色龙”角色添加新的造型。点击“本地上传”按钮，在文件夹中选择第2个变色龙“2.png”图标，点击“打开”按钮导入。

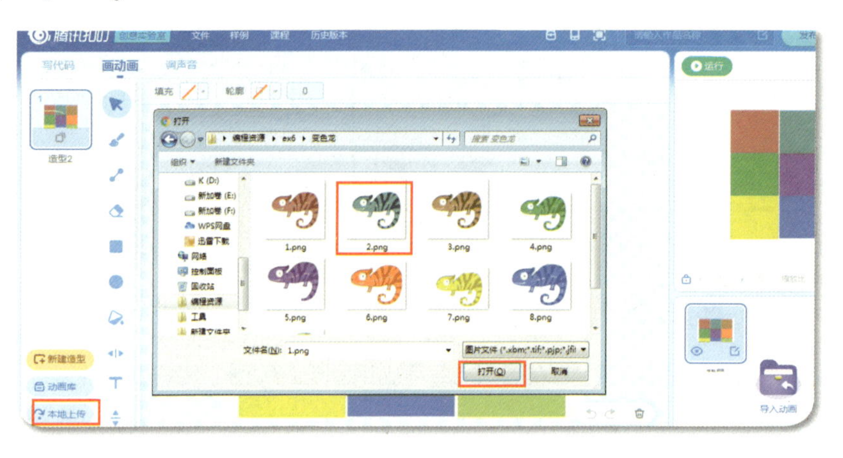


(3) 重复步骤(2)，把文件夹“变色龙”中其他3~9造型依次导入。这样，我们就为“变色龙”预先设置好了9个不同颜色的造型。

(4) 调节角色大小。点击右边角色窗口中的“变色龙”角色，点击下方坐标“x:”右侧的方框，输入数“–500”；点击“缩放比”，输入数“75”。这样，“变色龙”的位置和大小就成功设置好了。

(5) 选择已选素材区的角色“1.png”，选中“1”，输入“变色龙”；再选中后缀“.png”，然后点击键盘上的DEL键，去掉不需要的后缀。

更改后的名字如下图所示：

现在，我们已经把舞台布置为九宫格，同时增加了“变色龙”这个故事主角。

## 6.3.4 编写程序

小朋友，现在我们一起搭建积木，让故事中的角色动起来吧。

步骤一：拖动变色龙。

(1) 点选已选素材区的“变色龙”，然后点击脚本编辑区左上角的“写代码”标签按钮；将鼠标移至积木块类别区的“事件”类积木，在积木块选择区中找到积木 当角色被 点击，并把它拖曳到积木块编辑区，这个积木可以让变色龙在被点击后做出我们要求的动作。

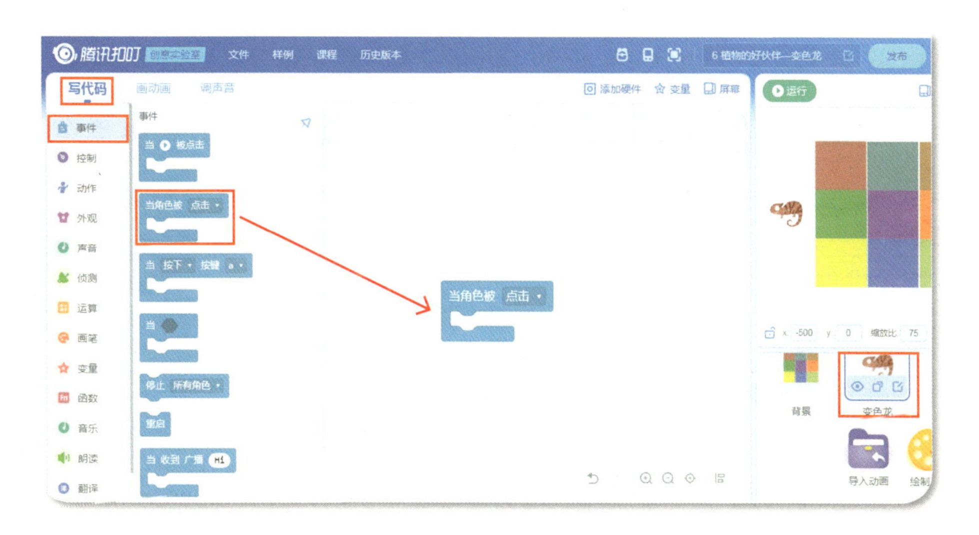

（2）点击积木 当角色被 点击 中“点击”右侧的向下箭头，点选“按住”命令。

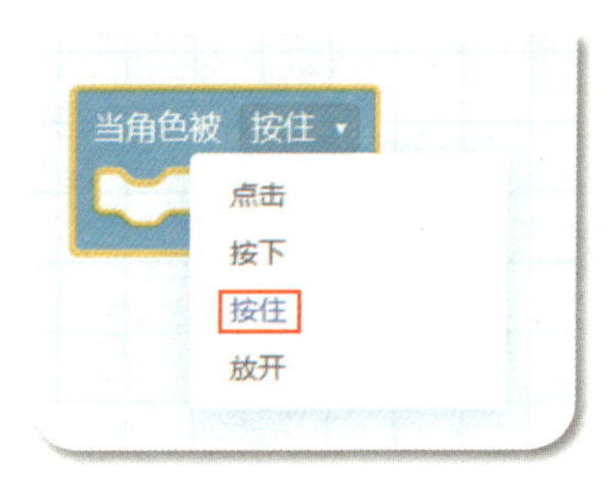


（3）将鼠标移至积木块类别区的“控制”类积木，在积木块选择区中找到积木 重复执行 ，并把它拖曳到积木块编辑区 当角色被 点击 的肚子里。

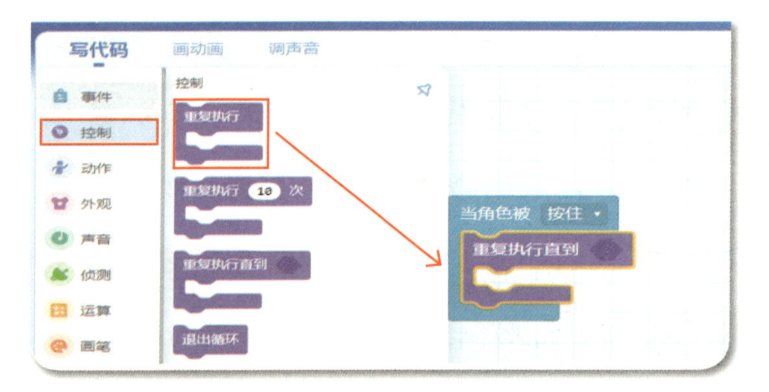


（4）将鼠标移至积木块类别区的“侦测”类积木，在积木块选择区中找到积木 当前角色 被 点击 ，并把它拖曳到积木块编辑区积木 重复执行 的六边形框中。

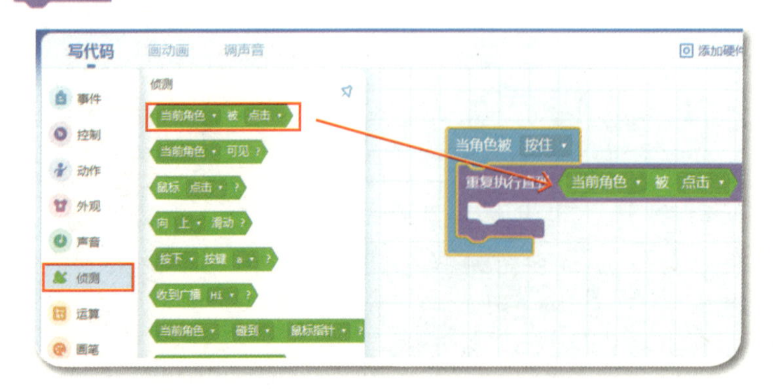

点击积木 当前角色 被 点击 中的向下箭头按键，点选“放开”命令。

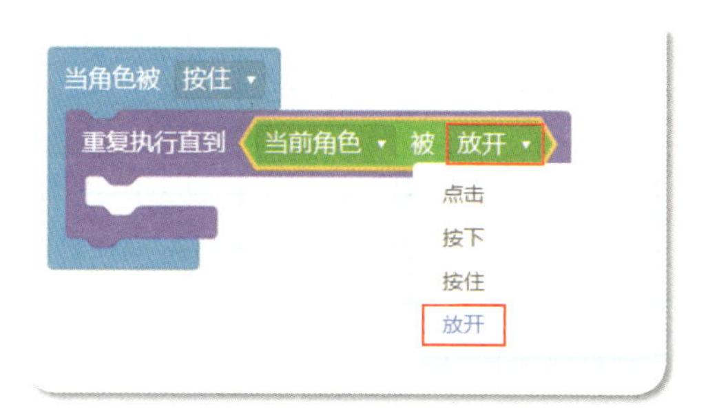


（5）将鼠标移至积木块类别区的“动作”类积木，在积木块选择区中找到积木 移到 鼠标指针 ，并把它拖曳到积木块编辑区，拼接到积木 重复执行直到 的肚子里。

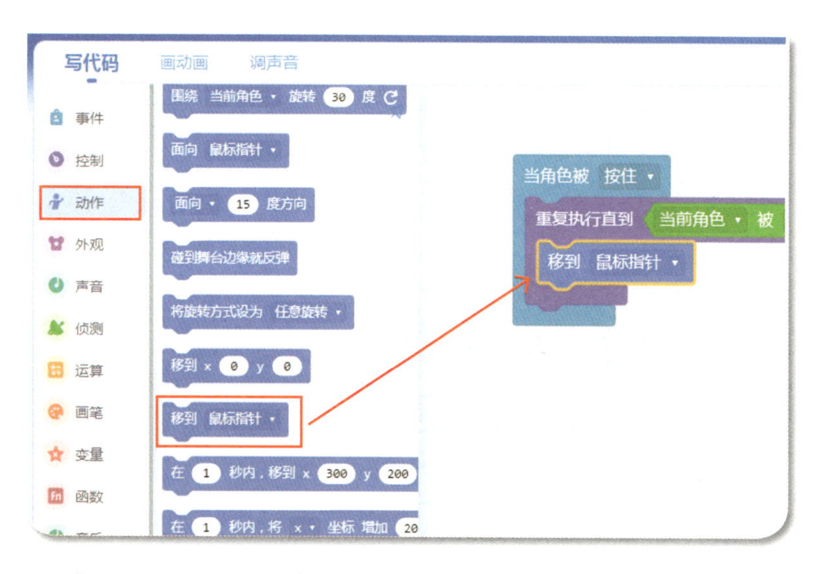


现在，就可以拖动变色龙啦。

**步骤二：帮变色龙隐身。**

（1）再次点选已选素材区的“变色龙”，点击脚本编辑区的“写代码”按钮。将鼠标移至积木块类别区的“事件”类积木，在积木块选择区中找到积木 当角色被 点击 ，并把它拖曳到积木块编辑区。这里，我们为变色龙添加另外一个独立的代码积木模块，用来执行不一样的动画功能。

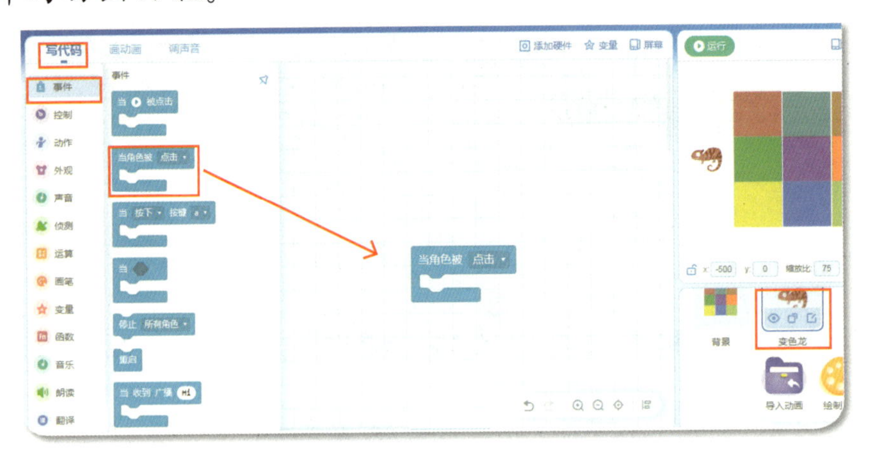


(2) 点击积木 当角色被 点击 中“点击”右侧的向下箭头按键，点选“放开”命令。

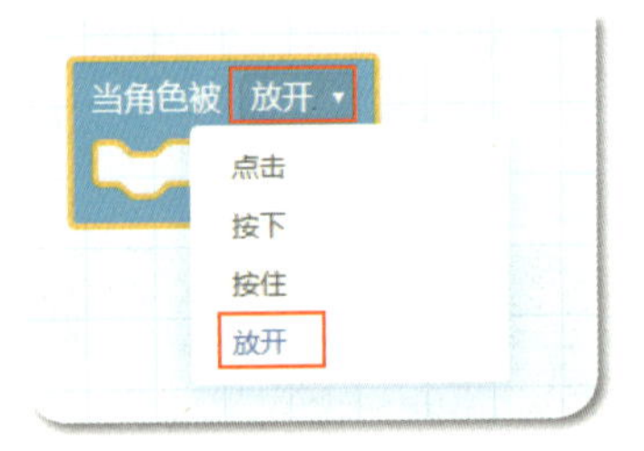


(3) 将鼠标移至积木块类别区的“控制”类积木，在积木块选择区中找到积木 如果 ，并把它拖曳到积木块编辑区 当角色被 放开 的肚子里。

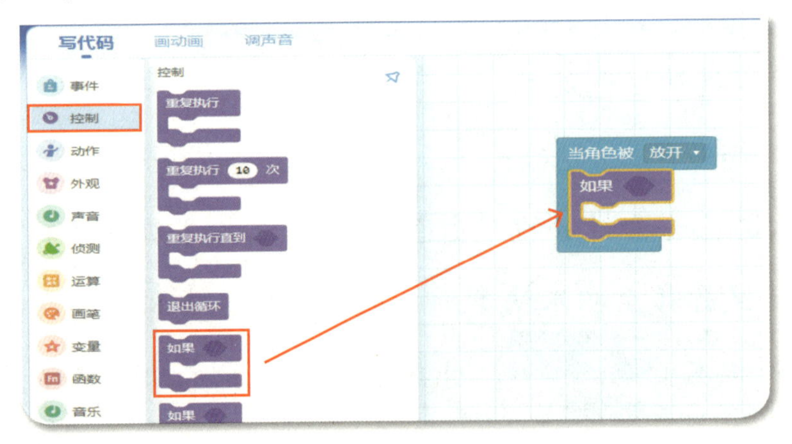

（4）将鼠标移至积木块类别区的“侦测”类积木，在积木块选择区中找到积木 当前角色 碰到 ? ，并拖曳到积木块编辑区积木 如果 的六边形框中。

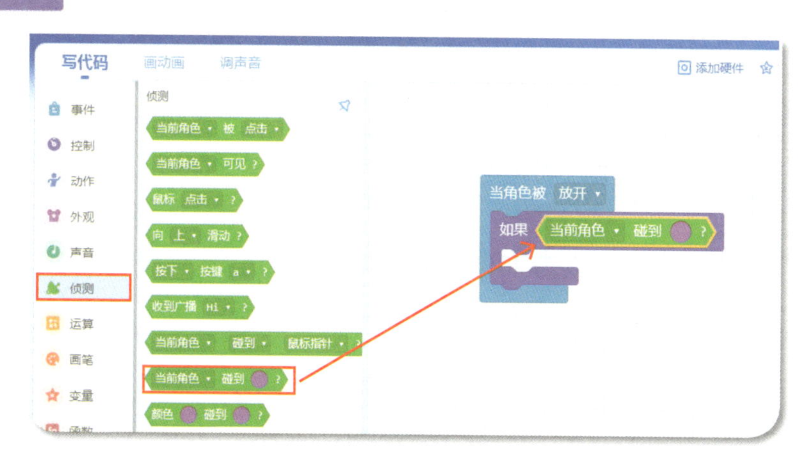


（5）点击积木 当前角色 碰到 ? 中的 按钮，点击取色笔按钮 ，然后在九宫格的第一个方块上点击一下，这样，颜色就变成了第一个方块的颜色。

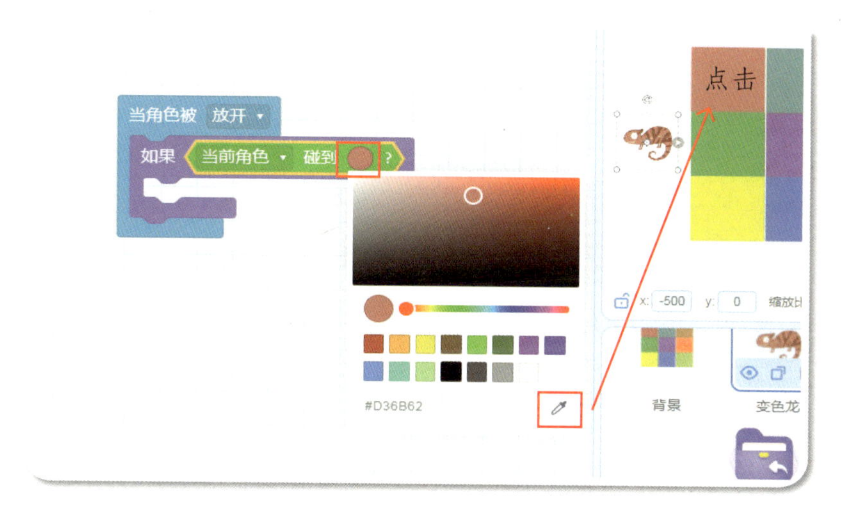


（6）将鼠标移至积木块类别区的“控制”类积木，在积木块选择区中找到积木 等待 1 秒 ，并把它拖曳到积木块编辑区，拼接到积木 当前角色 碰到 ? 的下方。

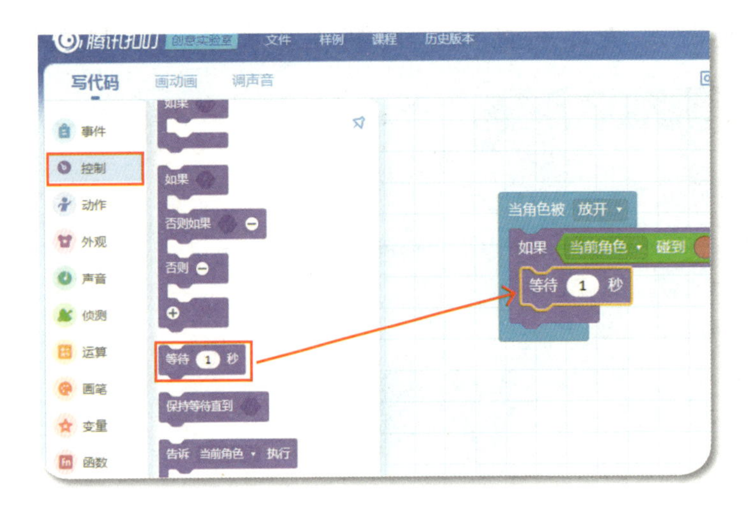


(7) 将鼠标移至积木块类别区的“外观”类积木，在积木块选择区中找到积木 切换到造型 造型1 ，并把它拖曳到积木块编辑区，拼接到 等待 1 秒 的下方。

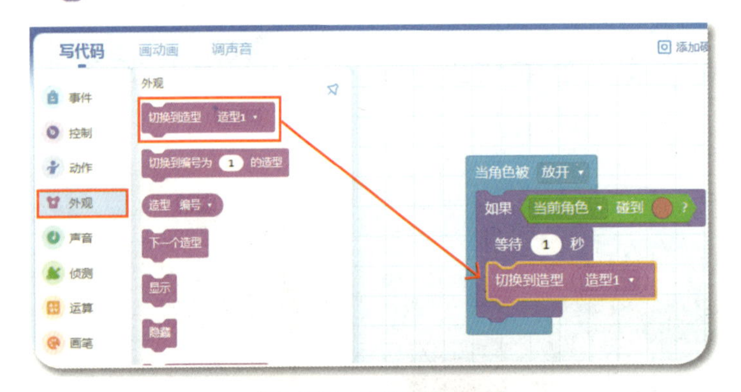


(8) 点击积木 切换到造型 造型1 中的向下箭头按键，选择与当前颜色一样的变色龙“造型1”命令，造型的选择是根据颜色的不同而设定的。小朋友，在编程的时候一定要注意，你们设定的造型颜色顺序是否跟“如果”积木里面需要判断的颜色顺序一样呢？

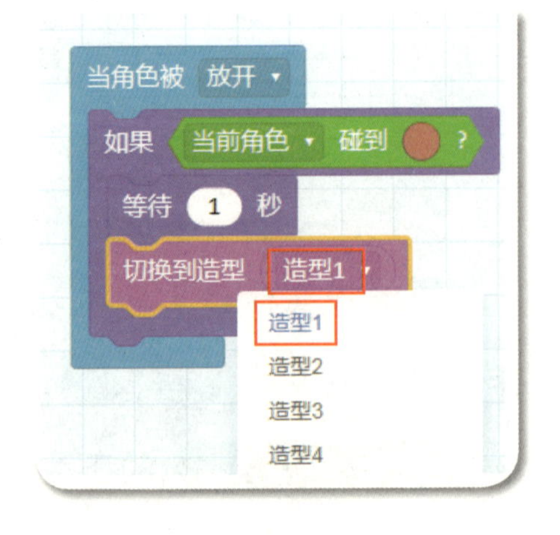

(9) 将鼠标移至积木块类别区的“控制”类积木，在积木块选择区中找到积木 如果 ，并把它拖曳到积木块编辑区，拼接到上一个积木 如果 的下方。

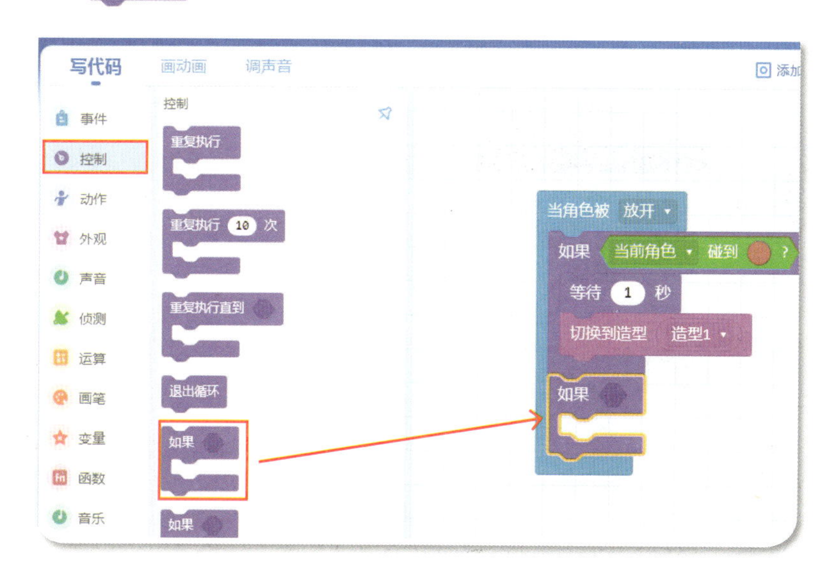


(10) 将鼠标移至积木块类别区的“侦测”类积木，在积木块选择区中找到积木 当前角色 碰到 ? ，并把它拖曳到积木块编辑区 如果 的肚子里。

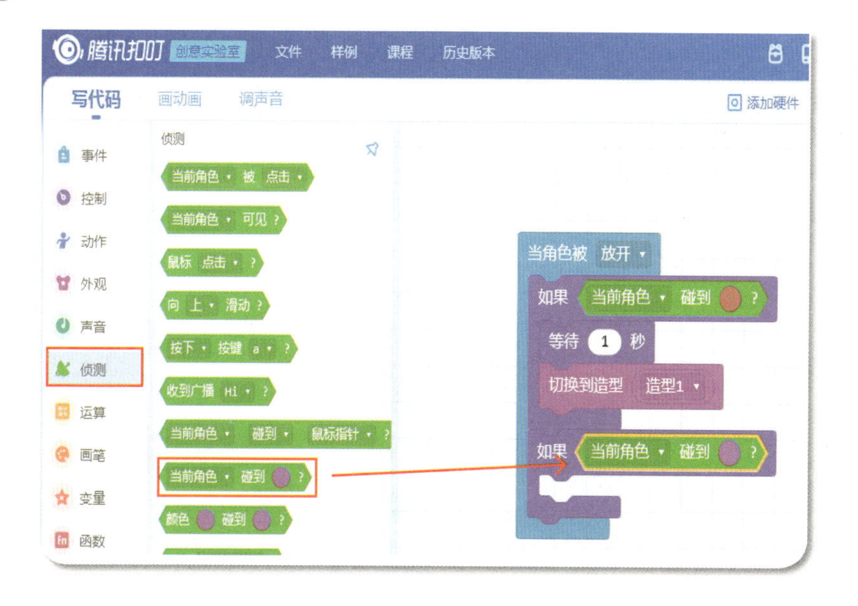

(11) 点击积木 当前角色 ▾ 碰到 ? 中的 按钮，点击取色笔按钮，然后在九宫格的第 2 个方块上点击一下。这样，颜色就变成了第 2 个方块的颜色。

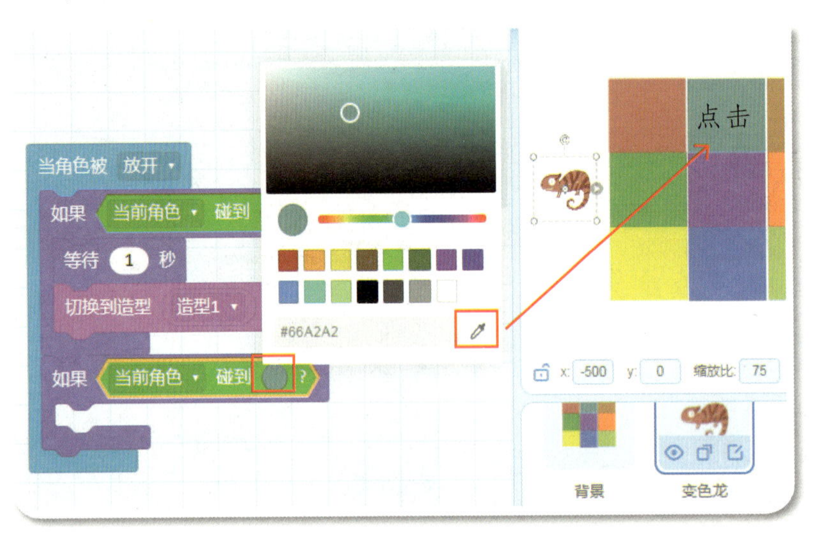


(12) 重复步骤 (6)，将鼠标移至积木块类别区的“控制”类积木，在积木块选择区中找到积木 等待 1 秒，并把它拖曳到积木块编辑区，拼接到 当前角色 ▾ 碰到 ? 的下方。

(13) 将鼠标移至积木块类别区的“外观”类积木，在积木块选择区中找到积木 切换到造型 造型1 ▾，并把它拖曳到积木块编辑区，拼接到 等待 1 秒 的下方。

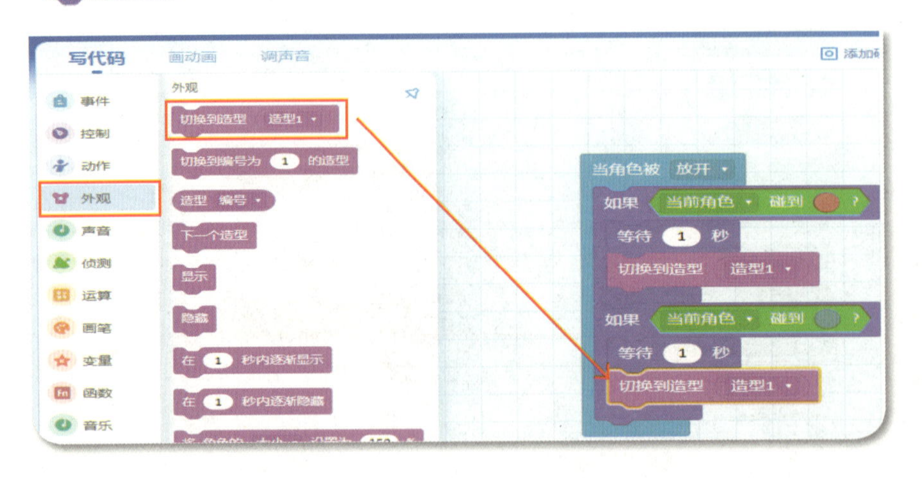

（14）点击积木 切换到造型 造型1 ▾ 中的向下箭头按键，点选“造型 2”命令。

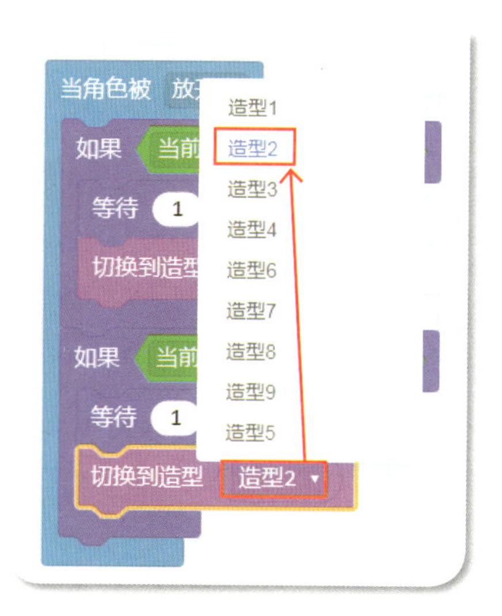


（15）重复步骤（9）~（14）的操作。每次重复步骤（11）选择颜色时，点击没有点过的方块，步骤（14）是为“变色龙”选择造型的操作，选择与方块颜色相同造型，一直重复到所有的方块都被使用。

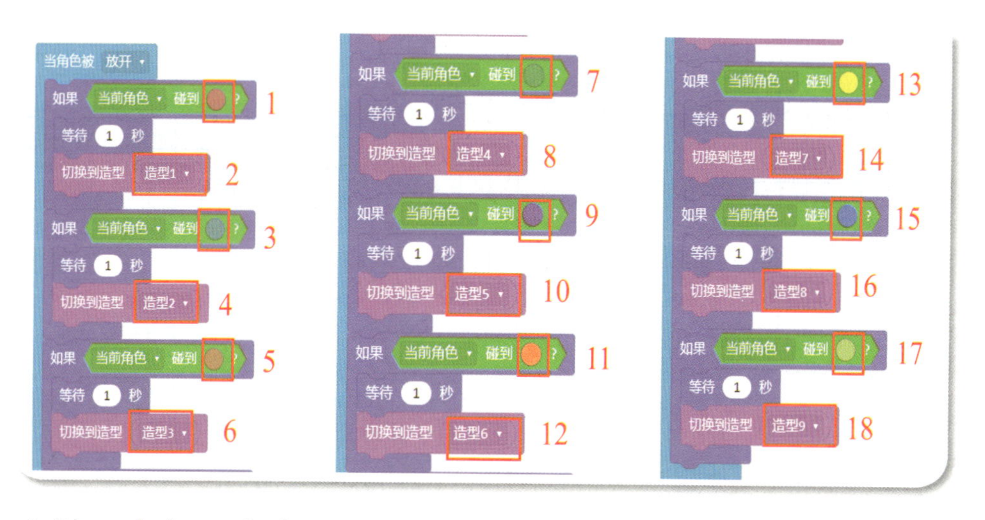


这样，我们就完成了变色龙程序的设计。让我们来看看程序运行的效果吧！

## 6.3.5 运行程序

点击舞台编辑区内的 运行 按钮，然后用鼠标拖动变色龙，看看程序动画的效果吧。

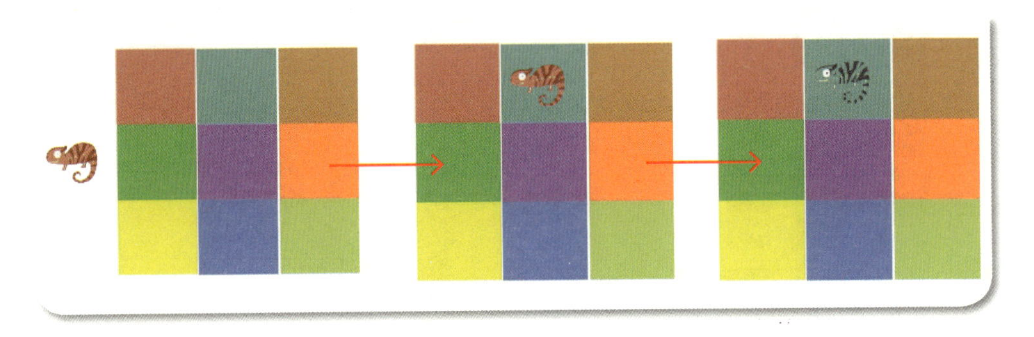

## 6.3.6 保存文件

完成了前面的编程，不要忘记保存这个作品哦。首先登录扣叮账户，然后点选菜单栏右边的 保存 按钮，程序就保存在腾讯扣叮账户里啦。

如果想让其他小朋友也看到我们的程序，就点击 发布 按钮，这样我们的作品就发布在腾讯扣叮平台上了。

如果我们想把作品保存到本地电脑里，可以点击菜单栏左边的“文件”按钮，选择“导出到电脑”命令，刚刚完成的作品就下载到电脑中了。

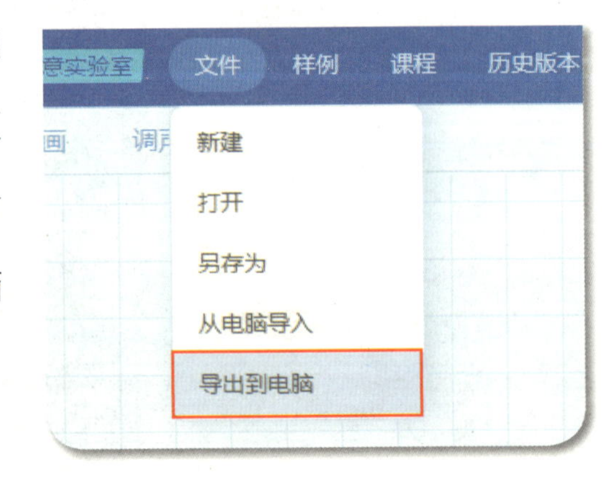

## 6.4 编程之路

我们一起来回顾这次编程之旅吧。

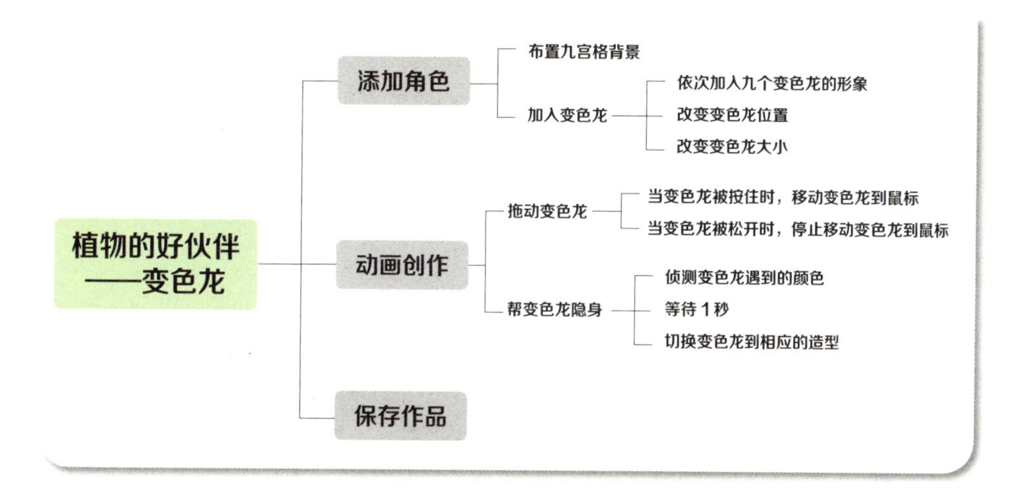

# 腼腆的含羞草

笑笑和萌萌在植物园里找到了含羞草。可是，为什么含羞草会有这么可爱的名字呢？他们知道含羞草在受到外界刺激后，就会收缩起叶片，之后又会慢慢张开。让我们一起来制作一株含羞草吧。

两个小伙伴依依不舍地告别了可爱的变色龙，开始继续寻找含羞草。

“笑笑，你知道含羞草长什么样子吗？”萌萌边找边问笑笑。

“有点儿像金鱼的尾巴。”笑笑回答道。她们找了很久，还是没有看到含羞草。

萌萌说:“会不会这里没有含羞草啊,我们找了这么久都没看到。”正说着，一位解说员正好经过，两个小朋友赶紧跑过去请教，解说员告诉他们，前面不远处就有含羞草。萌萌和笑笑很诧异，因为那里他们已经走过好几次了，却没有看见。

解说员非常有耐心地带他们过去，然后指给他们看。萌萌和笑笑更加诧异，因为他们的确在那里找过几次，但看到的只有普通的草。解说员说:“你们之前看到的是不是这个样子的啊？”说罢，她拿手指轻轻地触碰了一下含羞草，结果它们马上就缩成一棵普通草的样子。两个小伙伴恍然大悟，原来当时它们正“躲着我们”呢。

这时，解说员解释道:“含羞草的叶子如果被触碰到，就会马上合拢起来，从边上看去，就像一棵普通的草。而且很多时候，含羞草的整个叶子都会下垂下来，看起来就像是有气无力的样子。”笑笑说:“这根草太可爱了，我也来摸摸它。”他刚刚把手伸向一棵含羞草，解说员马上说：“不要碰它，别看含羞草看起来很可爱，而且很羞涩。但其实它是有毒的，有麻醉作用，人要是频繁接触它，会引起毛发脱落。所以，我在触摸它的时候都戴着手套。”笑笑听完紧张地说：“谢谢你，阿姨，我可不想让我的头发都掉完。”解说员说：“不用那么担心，不小心碰到一下是不会有什么大问题的，但以后在野外看到一些没见过的植物，可不要随便触碰哦，有些植物可能比含羞草还要‘厉害’。”

“我们记住了，谢谢您的帮助！”笑笑和萌萌异口同声地回答着。

小朋友，你们了解含羞草的特点了吗？能不能用程序把含羞草制作出来呢？

## 7.1 演示程序

我们观察到：当我们把手指放在含羞草上时，它的叶子便会合拢；当我们把手指拿开时，它的叶子又会慢慢地重新张开。扫描下方的二维码，看看编程实现的效果吧！

点击屏幕中的运行 ▶ 按钮运行程序，把“手指”放在含羞草的叶子上，叶子就会合拢哦。

## 7.2 解锁编程技能

编完这个程序，你将获得以下新技能：

- （1）鼠标跟随
- （2）事件响应
- （3）条件检测

## 7.3 一步一步学编程

现在，让我们一起来探索如何利用程序让含羞草的叶子合拢或张开吧。

## 7.3.1 准备好编程资源

准备好相关编程资源，这个环节可以找家长或老师帮忙哦，但是，要记得文件存放的位置。

步骤一：将图书配套资源文件的压缩包下载到计算机。

步骤二：将资源文件解压缩并保存到指定位置。

步骤三：打开其中的第 7 章文件夹，确认是否包括这些文件："第 7 章 腼腆的含羞草 .cdc""背景 .jpg""含羞草闭合 .png""含羞草张开 .png""手 .png"。

## 7.3.2 新建项目

点击菜单栏中的"文件"按钮，点选"新建"命令，然后在已选素材区点击"空白项目"图标。

### 7.3.3 添加背景和角色

现在，我们来布置舞台背景，添加含羞草与手这两个角色。

步骤一：布置舞台背景。

（1）调整屏幕比例。在舞台预览区上方，点击“比例切换”标签旁的小三角形图标，点选“横屏 16:9”命令。

（2）点选已选素材区“背景”右下角的编辑按钮，点选左侧的“本地上传”按钮，在弹出的“打开”对话框中，点选“背景.jpg”图标，点击“打开”按钮。

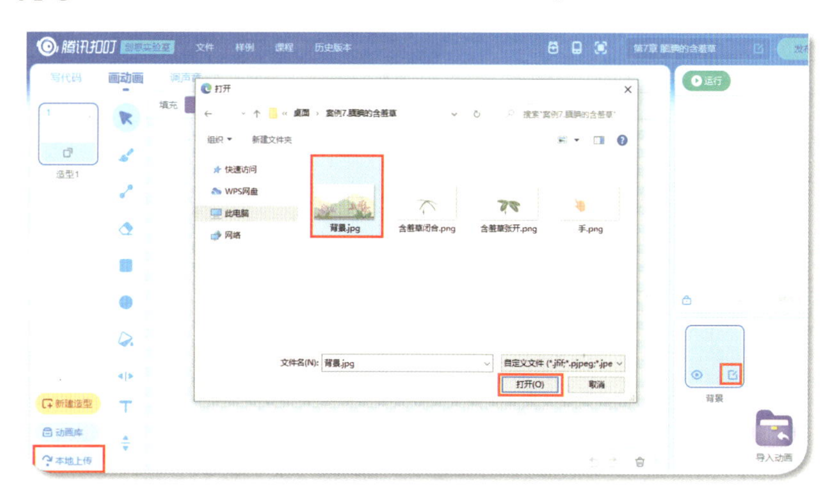

（3）调整背景图片的大小。在舞台预览区的底部，点击属性区的图标后就可以调整图片的大小。点击“缩放比”标签右侧的方框，输入数“70”。此时，背景图片正好铺满整个舞台。

（4）删除背景的多余造型。将鼠标移到左侧“预览效果”中的“造型 1”上，点击右上角的 ⊗ 按钮，这样就删除了“造型 1”。

步骤二：添加“含羞草”角色。（注意哦，含羞草有张开和闭合两个造型）

（1）在已选素材区点击右下角的“导入动画”按钮，在弹出的“打开”对话框中，点选“含羞草张开.png”图标，点击“打开”按钮。

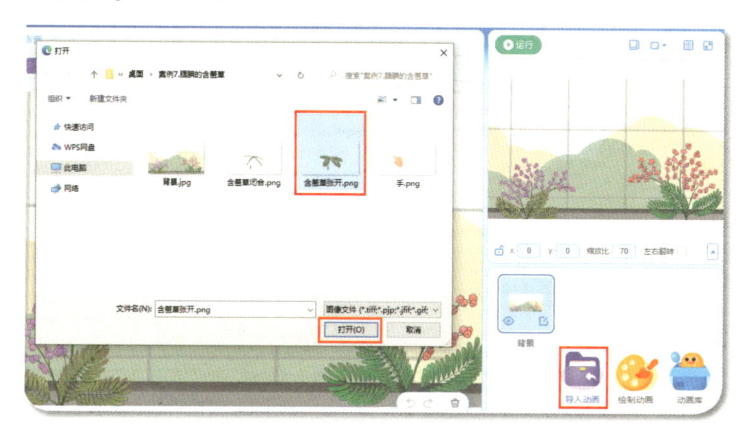


（2）调整含羞草的大小与位置。在右上角舞台预览区的底部，点击“x:”标签右侧的方框，输入数“−20”；点击“y:”标签右侧的方框，输入数“−40”；点击“缩放比：”标签右侧的方框，输入数“80”。这样含羞草就在舞台中间靠下的位置了。

(3) 添加含羞草闭合的造型。点击脚本编辑区左下方的“本地上传”按钮。在弹出的“打开”对话框中，点选“含羞草闭合.png”图标，点击“打开”按钮。

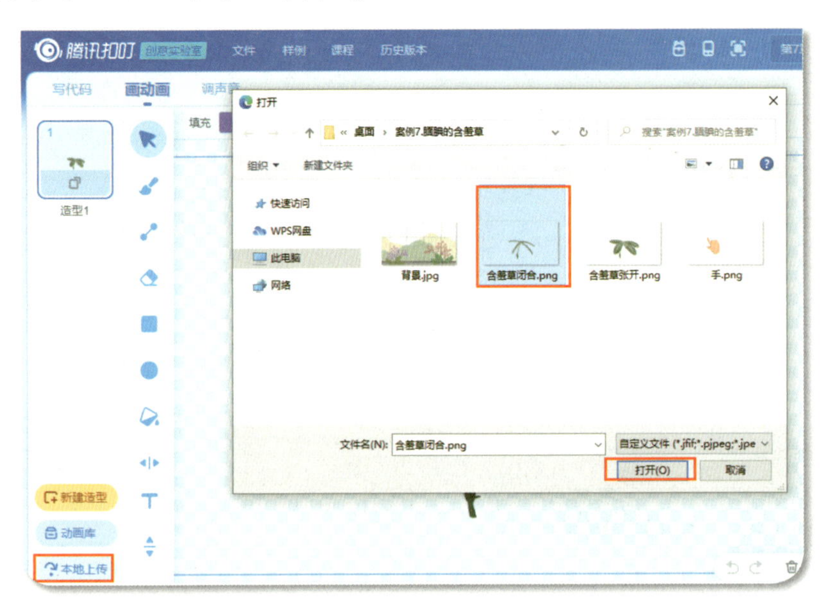


(4) 重命名造型。将鼠标移到脚本编辑区左侧“预览效果”中的“造型 1”上，点选“造型 1”图标下方的方框，输入文字“含羞草张开”。然后点选“造型 2”图标下方的方框，输入文字“含羞草闭合”。

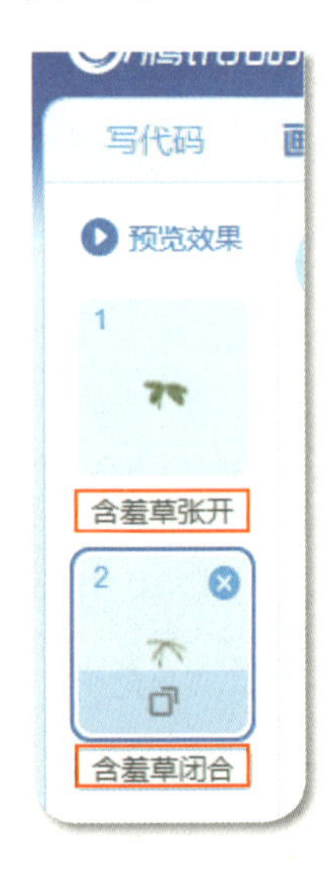

（5）重命名角色。在已选素材区，找到“含羞草张开.png”角色素材，点击角色下面的白框，再次点击角色名字，启动重命名功能，输入文字“含羞草”。

步骤三：添加“手”角色。

（1）在已选素材区点击右下角的“导入动画”按钮，在弹出的“打开”对话框中，点选“手.png”图标，点击“打开”按钮。

（2）调整手的大小与位置。在右上角舞台预览区的底部，点击“x:”标签右侧的方框，输入数“−350”；点击“y:”标签右侧的方框，输入数“250”；点击“缩放比：”标签右侧的方框，输入数“30”。此时，手以合适的大小出现在舞台左上方。

（3）重命名角色。在已选素材区找到“手.png”角色素材，点击角色下面的白框，再次点击角色名字，启动重命名功能，输入文字“手”。

### 7.3.4 编写程序

接下来，我们想办法让含羞草的叶子碰到手就合拢起来。

步骤一：使鼠标图标变为手指，实现拖曳功能。

（1）点击已选素材区的“手”角色素材，点击脚本编辑区上方的“写代码”标签按钮。将鼠标移至积木块类别区的“事件”类积木，在积木块选择区中找到积木 

，并把它拖曳到积木块编辑区。

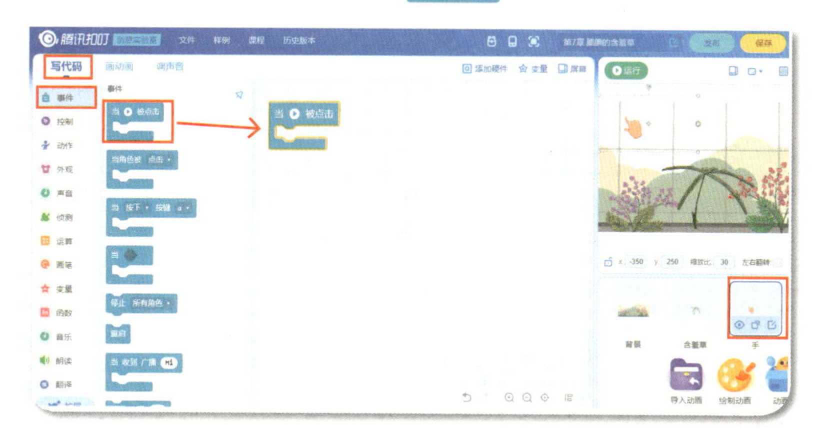


(2) 在积木块类别区的“控制”类积木中找到积木 重复执行，并把它拖曳到积木块编辑区 当 被点击 的肚子里。

(3) 在积木块类别区的“动作”类积木中找到积木 移到 鼠标指针，并把它拖曳到积木块编辑区 重复执行 的肚子里。此时，“手”的图片就跟着鼠标指针移动啦。

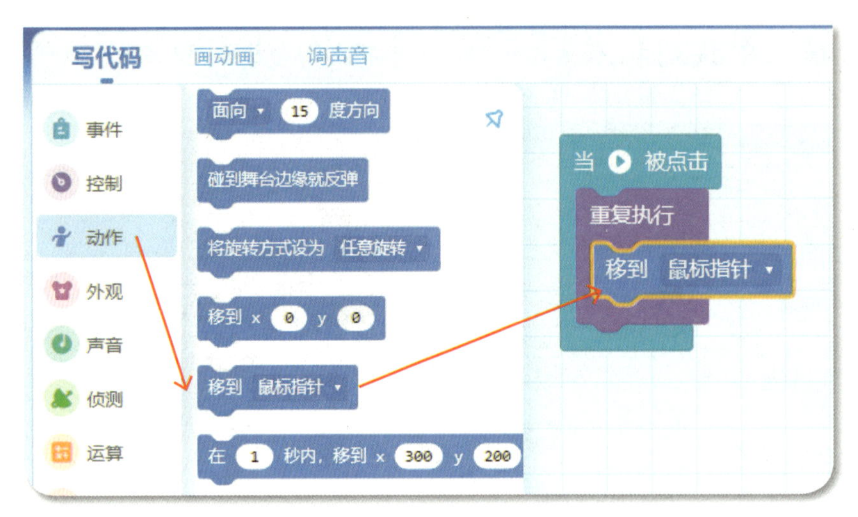


(4) 点击右上角舞台预览区的“手”角色，用鼠标将角色的中心点拖曳至食指的关节处，这样可以更好地控制手的移动。

现在，小朋友可以点击舞台预览区左上角的“运行”按钮，移动鼠标，观察“手”是否也在随着鼠标移动。

**步骤二：** 含羞草碰到手就闭合，没碰到手则张开。

(1) 点击已选素材区的“含羞草”角色素材，将鼠标移至积木块类别区的“事件”类积木中找到积木 当 被点击，并把它拖曳到积木块编辑区。

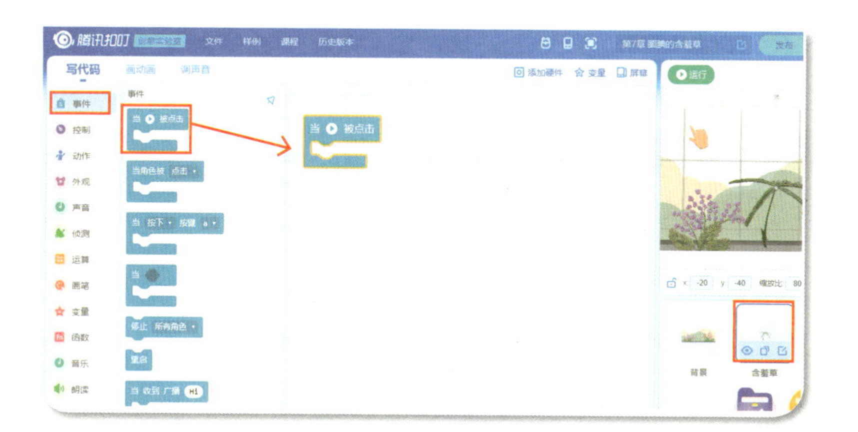


(2) 在积木块类别区的“控制”类积木中找到积木 重复执行，拖曳到积木块编辑区积木 当 被点击 的肚子里。

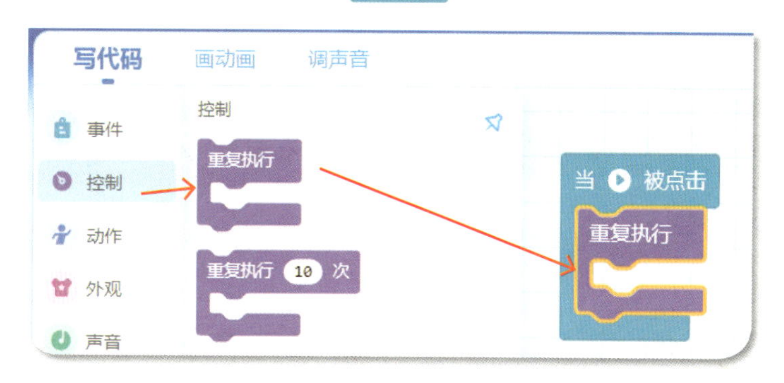


(3) 在积木块类别区的“控制”类积木中找到积木 如果 否则如果 否则，并把它拖曳到积木块编辑区积木 重复执行 的肚子里。点击积木中“否则如果”旁的 ⊖，即可删去“否则如果”这个条件。

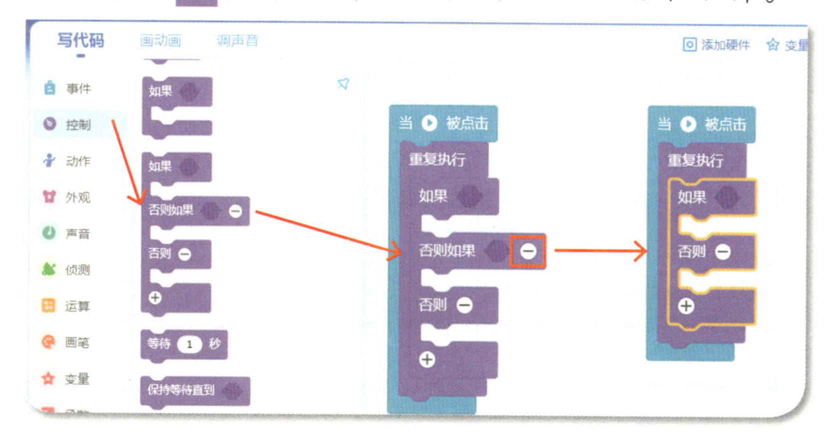

(4) 在积木块类别区的“侦测”类积木中找到积木 当前角色 碰到 鼠标指针 ?，并把它拖曳到积木块编辑区积木 如果 否则 ⊕ “如果”旁的六边形框里。

(5) 点击 当前角色 碰到 鼠标指针 ? 中的第 1 个三角形箭头图标，选择“手”命令。

然后点击 当前角色 碰到 鼠标指针 ? 中的第 3 个三角形箭头图标，选择“含羞草”选项。

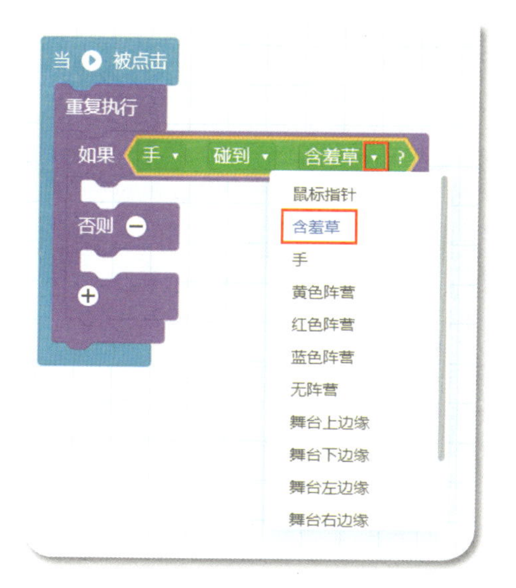


（6）在积木块类别区的“控制”类积木中找到积木 等待 1 秒 ，并把它拖曳到积木块编辑区积木 如果 当前角色 碰到 鼠标指针 ? 否则 的肚子里。

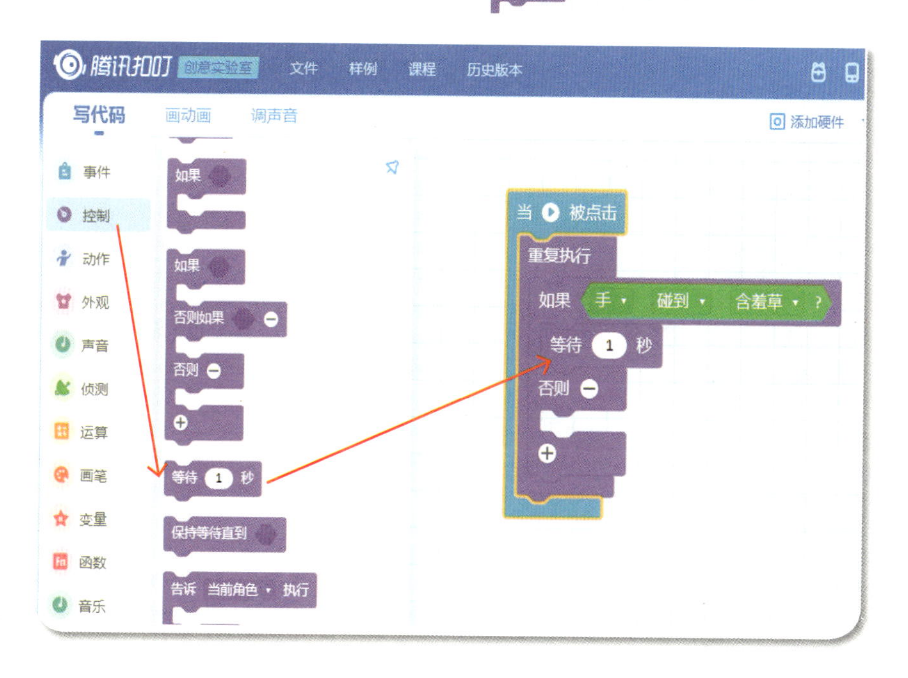


（7）在积木块类别区的“外观”类积木中找到积木 切换到造型 含羞草张开 ，并把它拖曳到积木块编辑区，拼接到 等待 1 秒 下方。

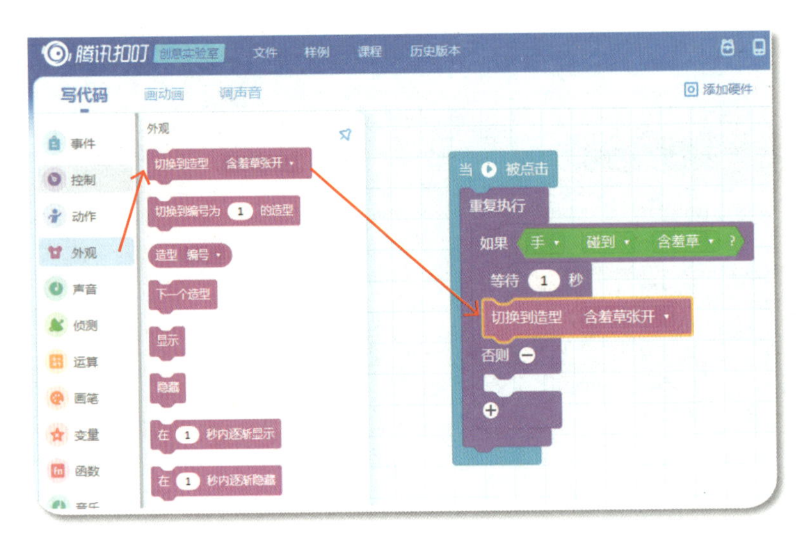


然后点击 切换到造型 含羞草张开 中的三角形箭头图标，选择“含羞草闭合”命令。此时，当我们把“手”放在含羞草叶子上时，叶子会合拢。

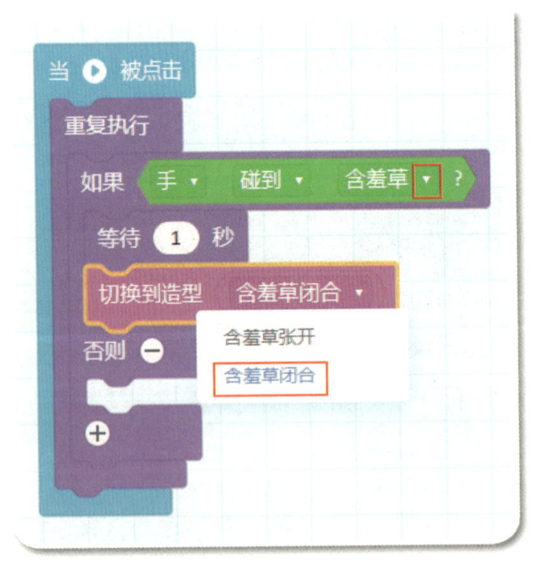


(8) 在积木块类别区的“控制”类积木中找到积木 等待 1 秒，并把它拖曳到积木块编辑区积木 否则 的肚子里。点击 等待 1 秒 中的白框，输入数“2”。

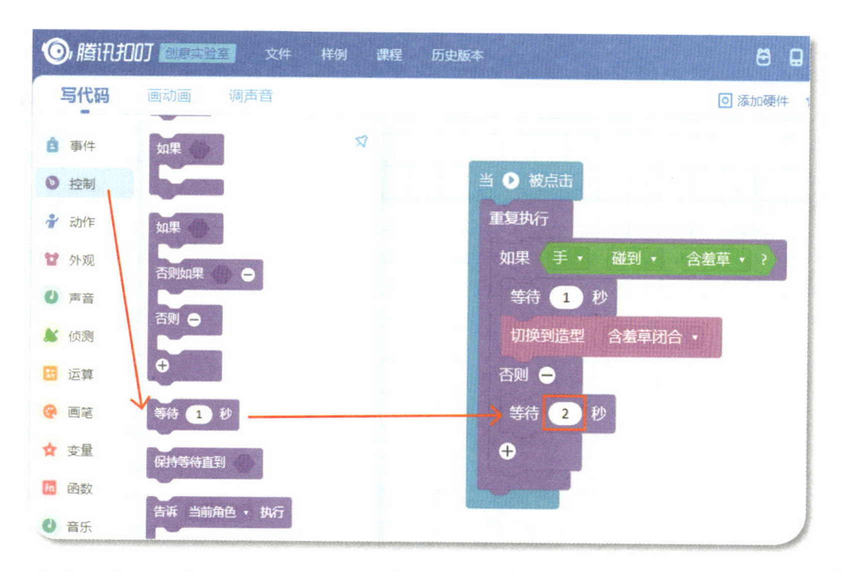


(9) 在积木块类别区的“外观”类积木中找到积木 切换到造型 含羞草张开，并把它拖曳到积木块编辑区，拼接到 等待 2 秒 的下方。这样，如果我们把“手”从“含羞草”叶子上挪开，叶子就会重新张开。

(10) 将“含羞草张开”造型设置为初始造型。还记得在“向阳的向日葵”中我们是如何设置向日葵的初始造型吗？记不清的话可以去回顾一下它的内容哦。这里我们点击脚本编辑区上方的“画动画”标签按钮，将鼠标移至左侧“预览效果”中的“含羞草张开”

造型上，点击鼠标左键。这样，含羞草就会从叶片张开状态开始变化。

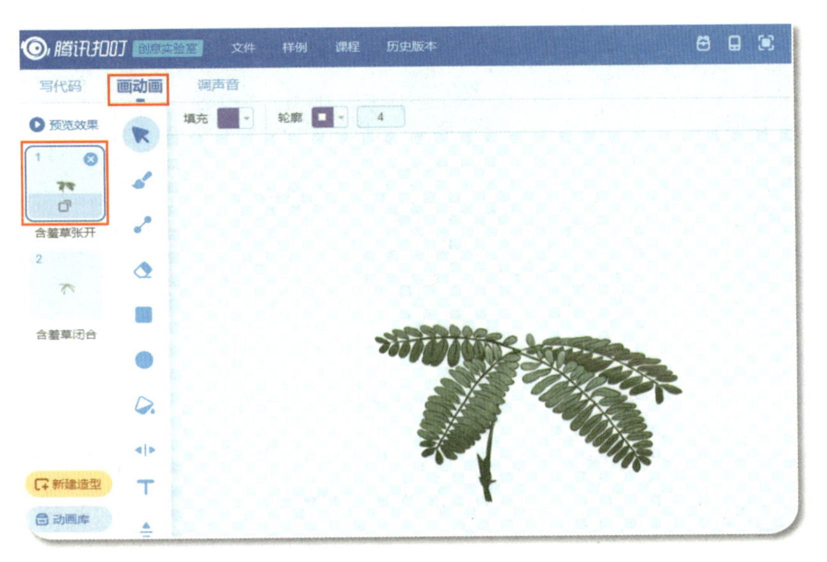


完成以上所有步骤后，我们得到“手”和“含羞草”代码分别如下图所示：

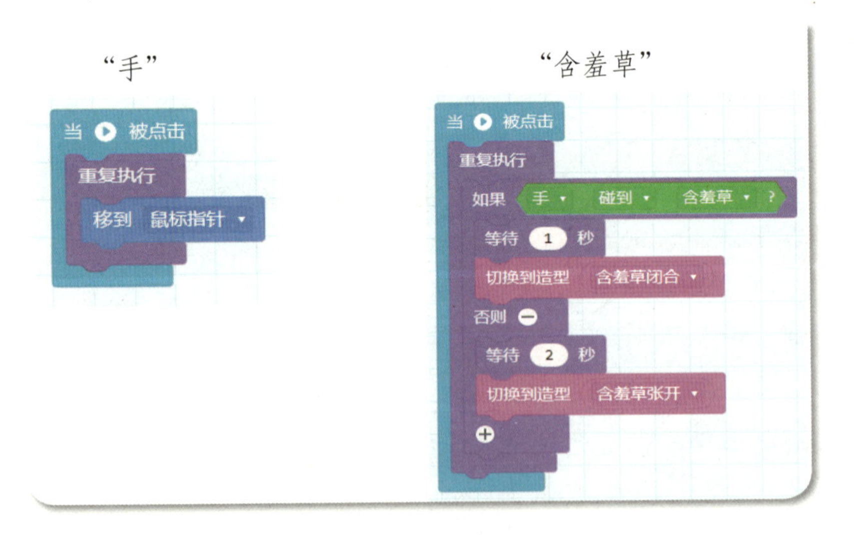


## 7.3.5 运行程序

点击舞台预览区左上角的 运行 按钮，移动鼠标使手放在含羞草叶片上，看看会出现什么效果。再将手从叶片上挪开，观察叶片

状态是否发生变化。下面是运行前后的效果对比图。

运行前：

运行后：

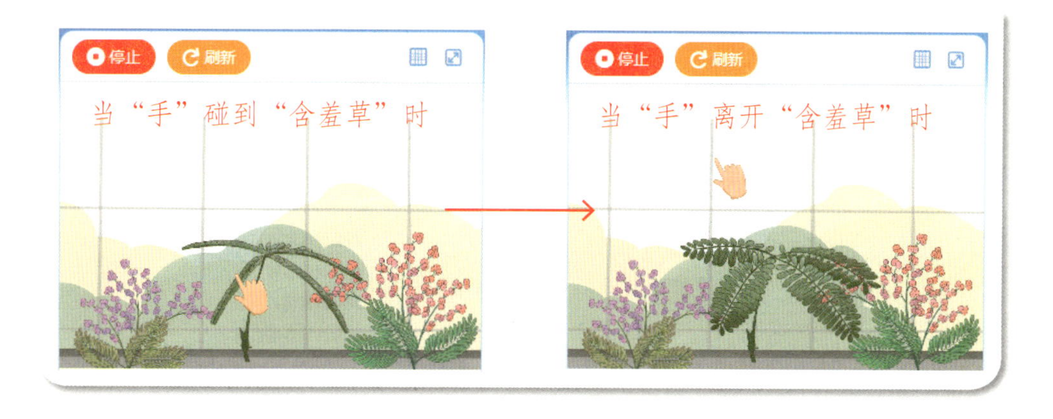


### 7.3.6. 保存文件

完成了前面的编程，不要忘记保存这个作品哦。首先登录扣叮账户，然后点选菜单栏右边的 保存 按钮，程序就保存在腾讯扣叮账户里啦。

如果想让其他小朋友也看到我们的程序，就点击 发布 按钮，这样我们的作品就发布在腾讯扣叮平台上了。

如果我们想把作品保存到本地电脑里，可以点击菜单栏左边的“文件”按钮，选择“导出到电脑”命令，刚刚完成的作品就下载到电脑中了。

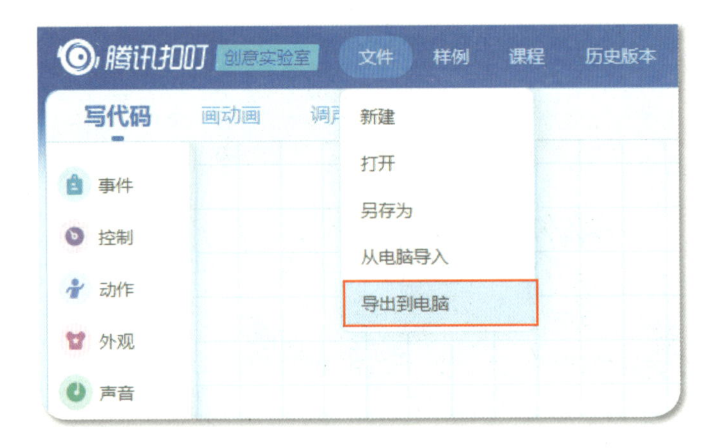


## 7.4 编程之路

我们一起来回顾这次编程之旅吧。

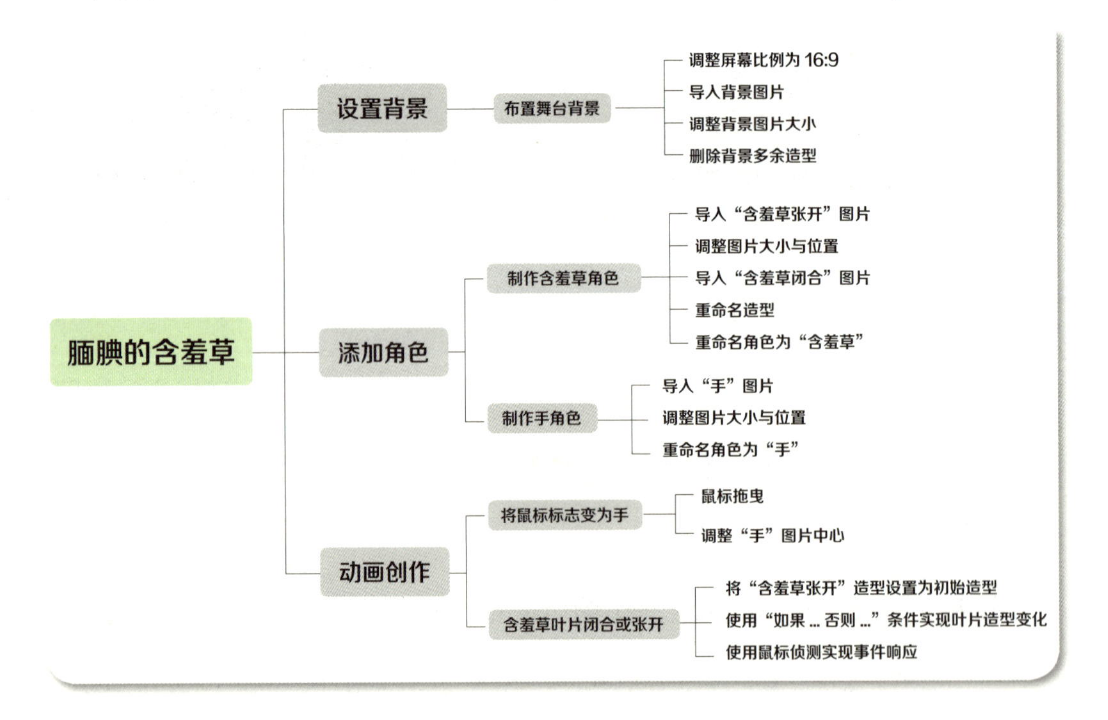

# 狡猾的捕蝇草

笑笑和萌萌知道了长相奇怪的捕蝇草可以吸引并捕食昆虫，是消灭害虫的能手。

“时间不多了，笑笑，咱们赶紧去完成任务吧，还有捕蝇草没有找到呢。”萌萌一边催促着，一边在地面低头仔细寻找，生怕丝毫的分心会错过需要观察的植物。突然，不远处的笑笑惊呼一声：“快来看，好奇怪的草！”萌萌以为她遭遇了什么，赶忙过去。他靠近了才发现，原来笑笑看到了一株长着胡须、咧着血盆大嘴的奇怪植物。“阿姨，这个奇怪的家伙是什么？长得太可怕了！”萌萌慌忙地问刚好站在旁边的讲解员。讲解员微微一笑说：“这个奇怪的家伙就是你们要找的捕蝇草！”萌萌转眼就乐开了花，兴奋地说：“原来这就是我们要找的捕蝇草！”

站在旁边的笑笑疑惑不解地问：“为什么这株长得这么奇怪的草叫捕蝇草，它会捕捉苍蝇吗？”讲解员笑了笑，然后说：“别看它们个头不大，可是非常凶猛的，要是有昆虫不小心附在上面，就会被吃掉。捕蝇草是原产于北美洲的一种多年生草本植物，是一种非常有趣的食虫植物，当有小虫闯入时，它能以极快的速度将其夹住，并消化吸收。想看看捕蝇草是如何进食的吗？”萌萌和笑笑异口同声地说：“那太好了！”萌萌悄悄地对笑笑说：“看来，四叶草的幸运还附在我们身上。”笑笑听后开心地笑了起来。

正说着，饲养员拿着一个小盒子走了过来，用镊子夹起一只死掉的小虫子，慢慢放进了捕蝇草的叶子上。刚刚放下，那个红红的叶子就合了起来，把小虫子包裹得严严实实的。不一会儿，所有的捕蝇草在饲养员的喂养下全部合上了叶子。然后，饲养员说：“这些小虫子会慢慢被捕蝇草消化。”萌萌问：“野生的捕蝇草只是靠它鲜艳的颜色来吸引猎物吗？”饲养员笑着说：“这虽然也是一种方法，但它最主要的方式是通过捕蝇草叶子边缘的蜜腺来吸引猎物，那些蜜腺会分泌香香的蜜汁，引诱昆虫靠近。当昆虫不小心飞进夹子触碰到夹子内的感应器官，夹子就会迅速闭合，无论昆虫怎么挣扎，夹子也不会打开。”“好厉害啊！千万别把手指放进去哦，不然可能也拿不出来了。”萌萌开玩笑地说道。笑笑补充道：“还可以消灭可恶的害虫。”大家听了都哈哈笑了起来。

萌萌高兴地对笑笑说：“我们就找到了四叶草、向日葵、含羞草和捕蝇草这四种植物啦！”笑笑开心地说：“是呀，你看，我把刚才找到的这些植物都画在了我的笔记本上。我们一定要把这些植物的笔记都保存好，回去交给老师看。同时把蝴蝶和变色龙的知识分享给其他同学呢！”“哇！笑笑，你太细心了。这些画好漂亮，就像真的植物标本一样。嘿嘿，现在咱们一起去孔雀园找孔雀吧！”萌萌顽皮地跟笑笑说。两个小伙伴带着今天的收获朝孔雀园走去。

小朋友，知道了捕蝇草的进食规律，让我们一起用程序演绎一下捕蝇草是怎么抓住小虫子的吧。

## 8.1 演示程序

我们观察到：小苍蝇在舞台上随机飞舞。当小苍蝇不小心落在捕蝇草的夹子上一会儿后，捕蝇草的夹子会突然闭合，把小苍蝇关在夹子里面！一段时间后，捕蝇草消化完食物，夹子又会慢慢地重新张开。扫描上方的二维码，看看编程实现的效果吧。

点击屏幕中的运行 ▶ 按钮运行程序，看看小苍蝇会有怎样的“命运”吧。

## 8.2 解锁编程技能

编完这个程序，你将获得以下新技能：

（1）角色的暂停和消失

（2）发送和接收广播

## 8.3 一步一步学编程

小朋友，现在就和老师一起来完成狡猾的捕蝇草的故事片段吧。

### 8.3.1 准备好编程资源

准备好相关编程资源，这个环节可以找家长或老师帮忙哦，但是，要记得文件存放的位置。

步骤一：将图书配套资源文件的压缩包下载到计算机。

步骤二：将资源文件解压缩并保存到指定位置。

步骤三：打开第 8 章文件夹，确认包括“背景 . jpg”“苍蝇 .png”“捕蝇草 .png”“捕蝇草 2.png”“花盆 .png”“第 8 章 狡猾的捕蝇草 .cdc”编程所用资源文件。

### 8.3.2 新建项目

点击菜单栏中的“文件”按钮，点选“新建”命令，然后在已选素材区点击“空白项目”图标。

### 8.3.3 添加背景与角色

接下来，我们正式开始编程啦！

打开腾讯编程平台，布置好舞台背景、邀请故事角色上场。

**步骤一：** 布置舞台背景。

(1) 先点击已选素材区的“背景”图标，再点击脚本编辑区的“画动画”按钮，选择“本地上传”命令。在弹出的“打开”对话框中，选择“背景.png”图标，点击“打开”按钮。

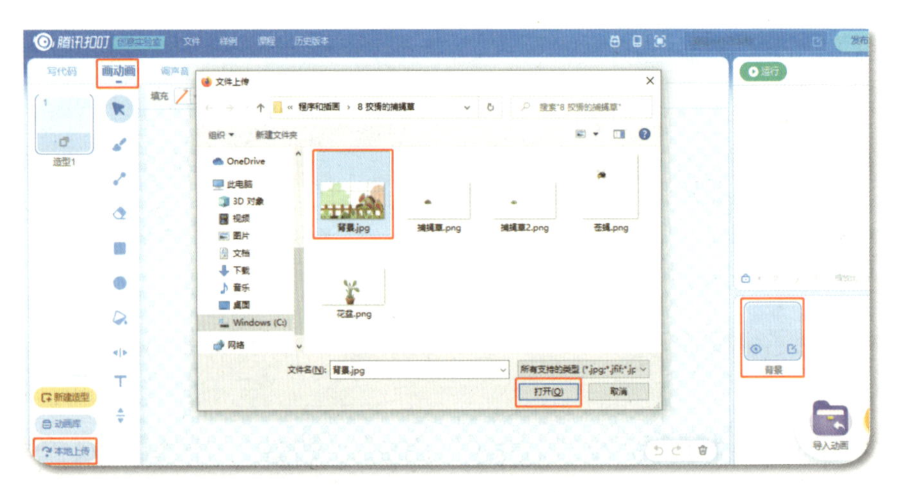


点击“造型 1”图标，点击 按钮，点击“确定”按钮，即可删除“造型 1”。

步骤二：添加“花盆”角色。

(1) 点击“导入动画”按钮，在弹出的“文件上传”对话框中，点选“花盆.png”图标，点击“打开”按钮，添加“花盆”角色，并将它设置为一个独立的角色。“捕蝇草”和“苍蝇”角色，在下面的步骤中也将其设为新的独立角色。

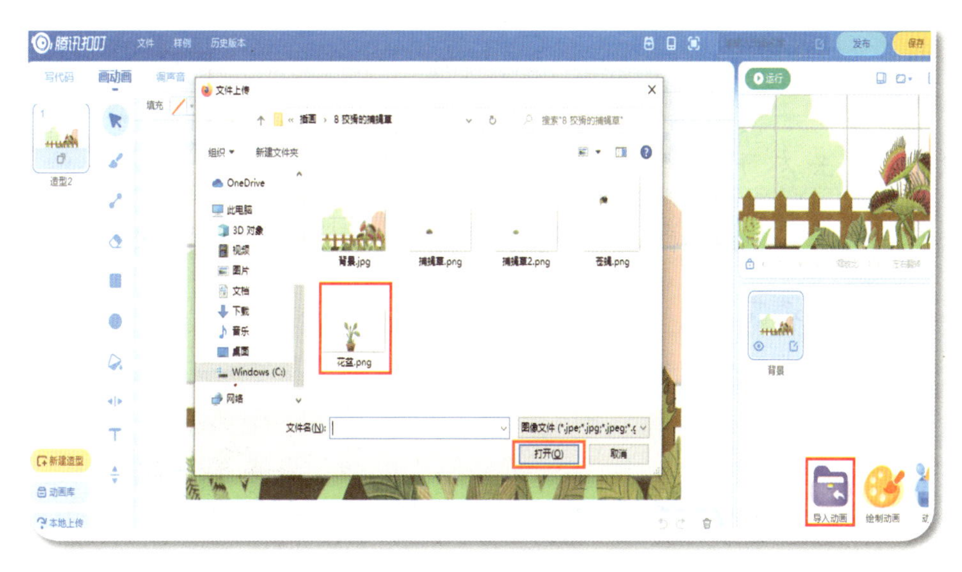


(2) 选择已选素材区的角色“花盆”，点选“.png”，点击键盘上的 DEL 键，将角色名改为了“花盆”。

步骤三：添加捕蝇草角色。

(1) 接下来，我们设置可以张开和闭合的叶片角色。在已选素材区点击右下角的“导入动画”图标，在弹出的“文件上传”对话框中，选择“捕蝇草.png”图标，点击“打开”按钮，导入捕蝇草打开的造型。

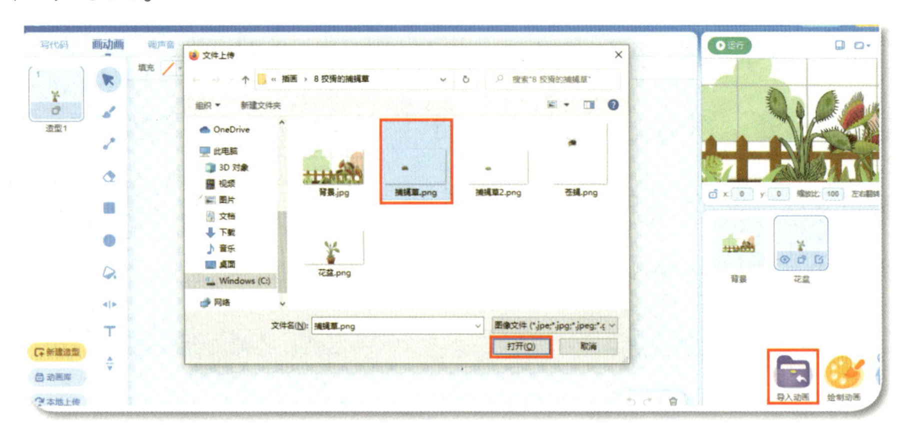

(3) 点击左下方的“本地上传”按钮，在“文件上传”对话框中，点选“捕蝇草 2.png”图标，点击“打开”按钮，导入“闭合的捕蝇草”造型。

这样，我们就完成了“捕蝇草”角色的设置，并且它拥有“张开”和“闭合”两个不同的造型。

(3) 选择已选素材区的角色“捕蝇草”，去掉名字后的后缀“.png”。

去除后缀后的名字如下图所示：

步骤四：添加“苍蝇”角色。

（1）在已选素材区点击右下角的“导入动画”按钮，在弹出的“文件上传”对话框中，选择“苍蝇.png”图标，点击“打开”按钮，添加“苍蝇”角色。

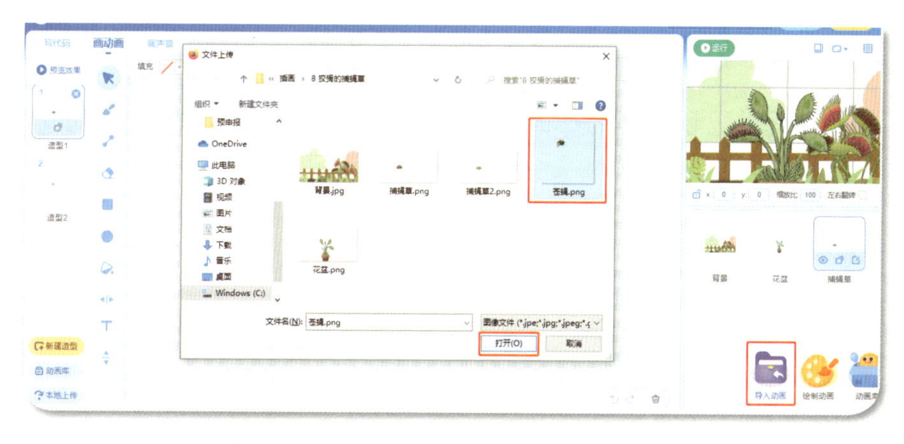


（2）点选“苍蝇.png”图标，点击“x:”后的方框，输入数“−500”；点击“y:”后的方框，输入数“−44”；点击“缩放比”后的方框，输入数“50”，勾选左右翻转。这样，“苍蝇”的位置和大小就成功设置了。

（3）选择已选素材区的角色“苍蝇”，去掉名字后的后缀“.png”。

现在在舞台上添加了“捕蝇草”，并加入了“苍蝇”。

## 8.3.4 编写程序

小朋友，现在我们一起搭建程序积木，让故事中的角色动起来吧。

步骤一：苍蝇随机飞舞，遇到舞台边界反弹。程序设计原理与前面的蝴蝶飞舞是一样的。这里，我们可以再来复习一下怎么设置角色的随机运动和反弹。

(1) 用鼠标点击已选素材区中的“苍蝇”角色，然后点击脚本编辑区的“写代码”标签按钮，接着将鼠标移至积木块类别区的“事件”类积木，在积木块选择区中找到积木 当 被点击 ，并把它拖曳到积木块编辑区。

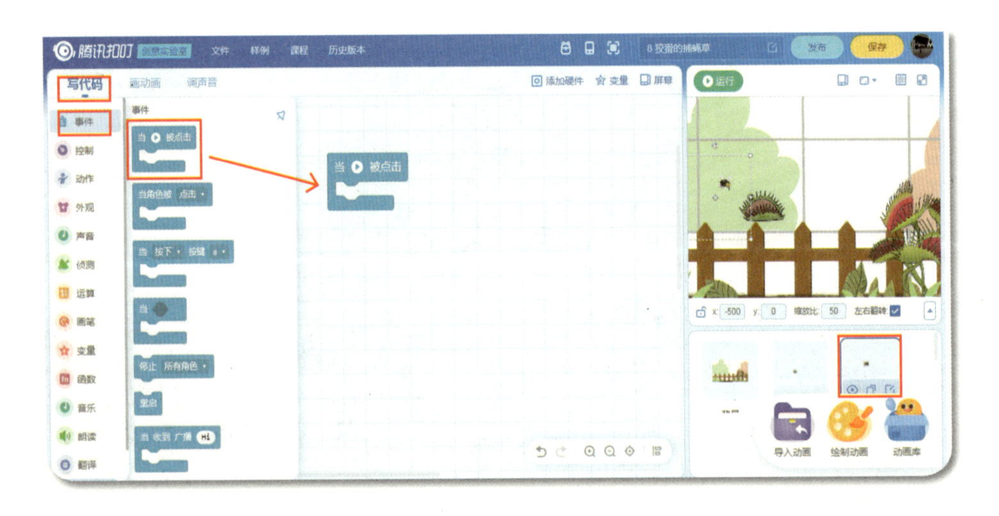


(2) 将鼠标移至积木块类别区的“控制”类积木 重复执行 ，在积木块选择区中找到积木，并把它拖曳到积木块编辑区积木 当 被点击 的肚子里。

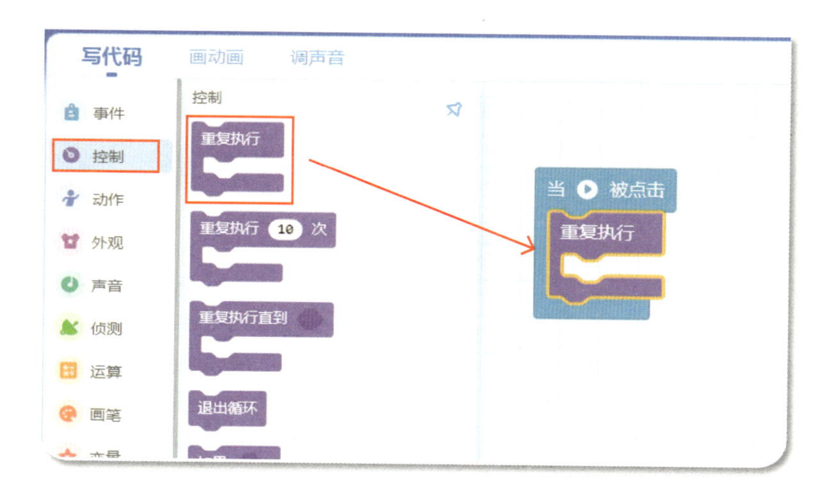


（3）接着，将鼠标移至积木块类别区的“动作”类积木，在积木块选择区中找到积木 旋转 30 度 ，并把它拖曳到积木块编辑区，拼接到积木 重复执行 的肚子里。

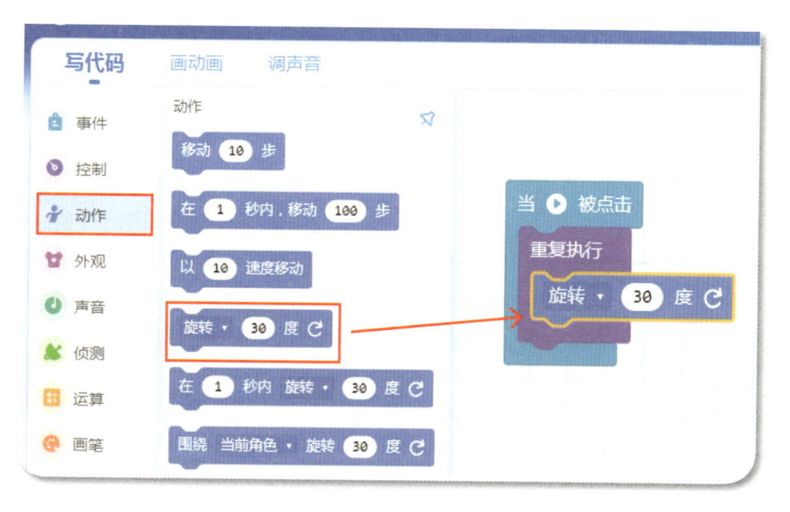


（4）将鼠标移至积木块类别区的“运算”类积木，在积木块选择区中找到积木 在 0 到 5 间随机选一个整数 ，并把它拖曳到积木块编辑区，拼接到积木 旋转 30 度 的白框里。点击积木 在 0 到 5 间随机选一个整数 的第1个白框，输入数“-45”；点击积木 在 0 到 5 间随机选一个整数 的第2个白框，输入数“45”。这个积木的作用是让“苍蝇”随机选择飞舞的方向。

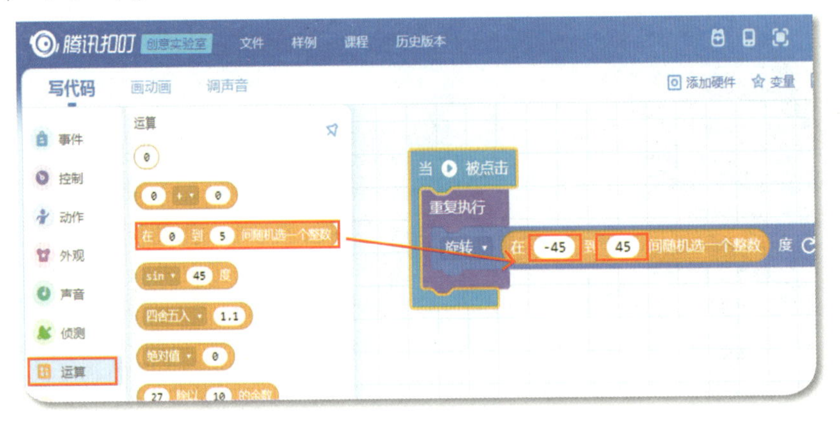


(5) 将鼠标移至积木块类别区的“动作”类积木，在积木块选择区中找到积木 以 10 速度移动 ，并把它拖曳到积木块编辑区，拼接到积木 旋转 在 -45 到 45 间随机选一个整数 度 的下方。点击积木 以 10 速度移动 的白框，输入数“2”。这是设置“苍蝇”飞行的速度。

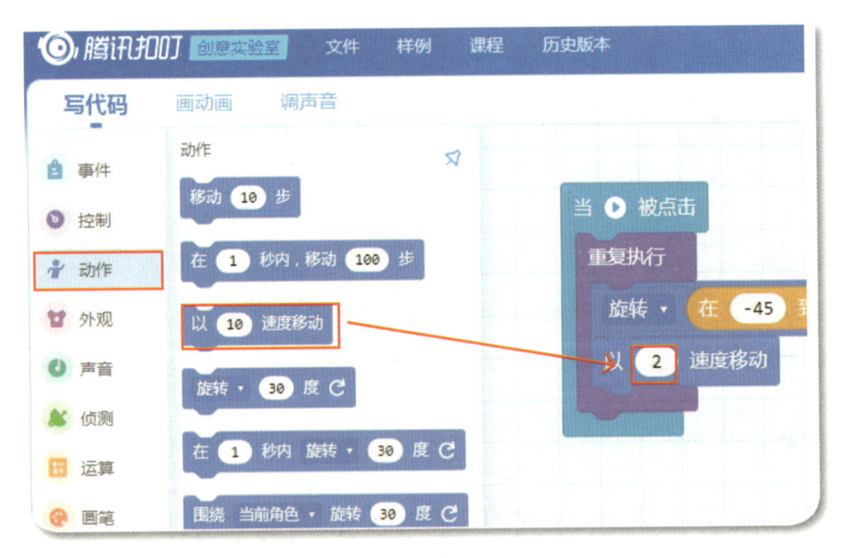


(6) 将鼠标移至积木块类别区的“动作”类积木，在积木块选择区中找到积木 碰到舞台边缘就反弹 ，并把它拖曳到积木块编辑区，拼接到积木 以 2 速度移动 的下方。这个积木让“苍蝇”遇到舞台边界就返回舞台继续飞。

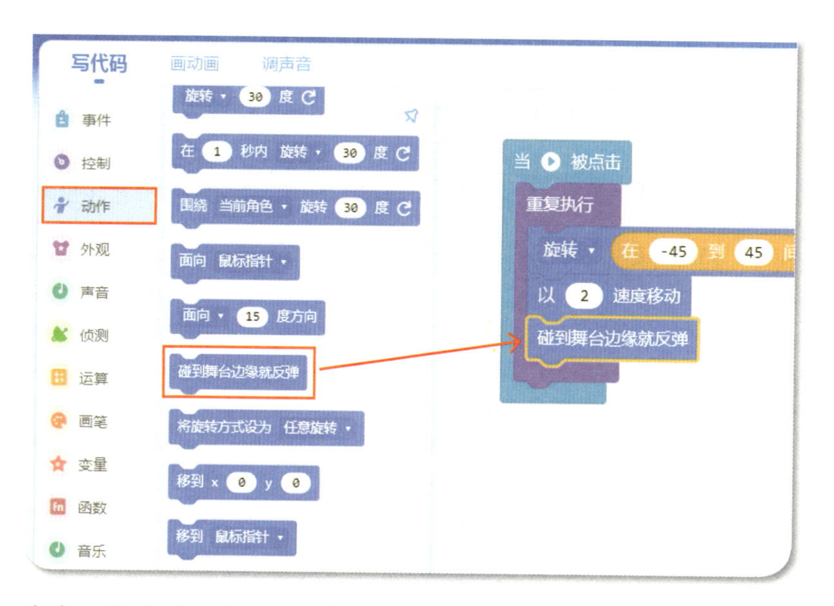


（7）将鼠标移至积木块类别区的“控制”类积木，在积木块选择区中找到积木 等待 1 秒，并把它拖曳到积木块编辑区，拼接到积木 碰到舞台边缘就反弹 的下方。这个积木是让“苍蝇”先飞 1 秒，然后选择新的方向。

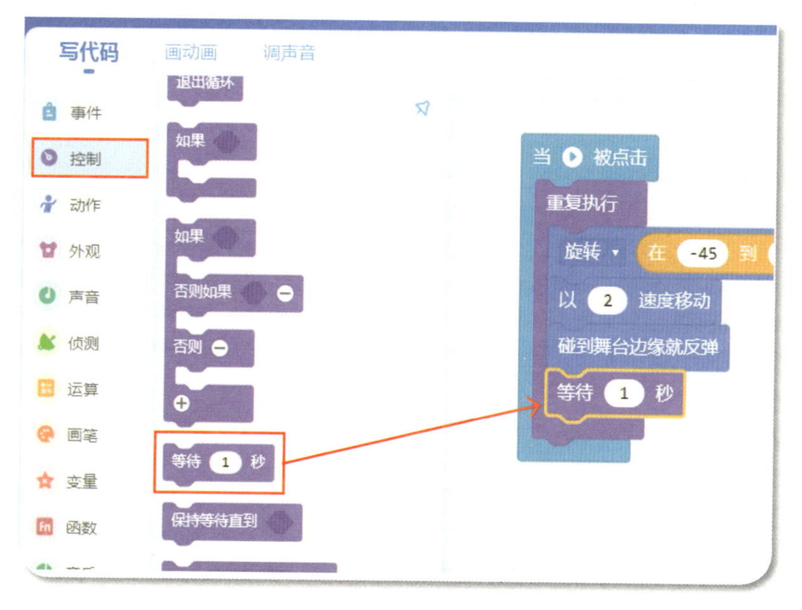


**步骤二：** 现在，我们需要设置当“苍蝇”落在“捕蝇草”上时，在“捕蝇草”上停 2 秒，然后被“捕蝇草”吃掉，“苍蝇”角色消失。

(1) 同样，在“苍蝇”角色的脚本编辑区中，我们将设置新的积木模块用来实现这一步骤的效果。将鼠标移至积木块类别区的“控制”类积木，在积木块选择区中找到积木 如果 ，并把它拖曳到积木块编辑区，拼接到积木 等待 1 秒 的下方。

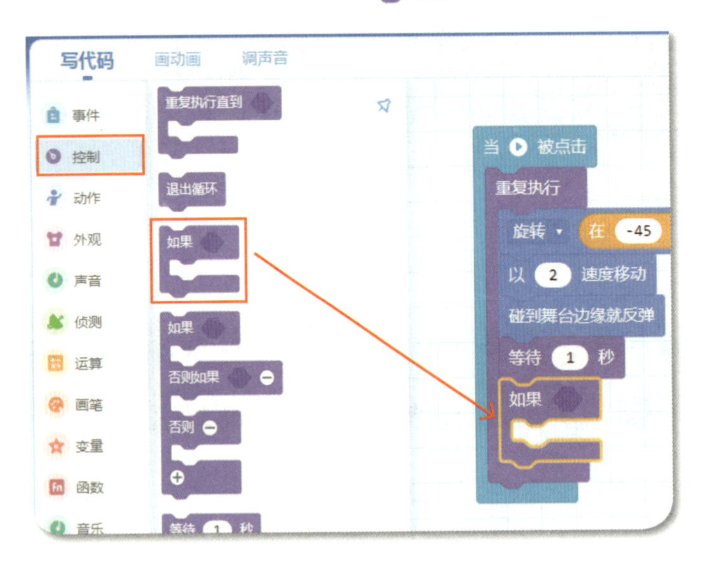


(2) 将鼠标移至积木块类别区的“侦测”类积木，在积木块选择区中找到积木 当前角色 碰到 鼠标指针 ? ，把它拖曳到积木块编辑区“如果”后的 里。

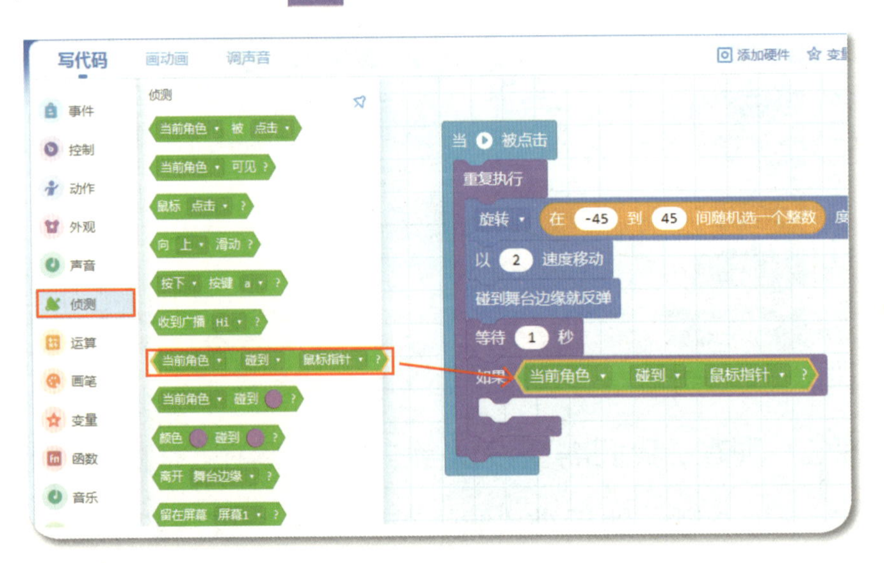

点击“鼠标指针”按钮，选择“捕蝇草”命令。

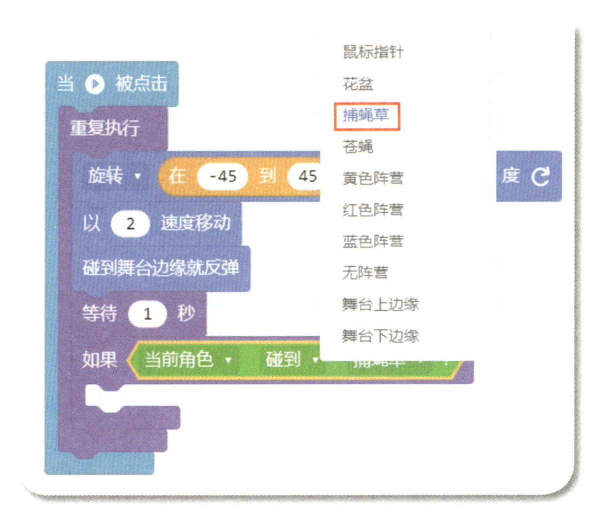


(3) 将鼠标移至积木块类别区的“动作”类积木，在积木块选择区中找到积木 以 10 速度移动 ，并把它拖曳到积木块编辑区，拼接到积木 如果 的肚子里。点击 以 10 速度移动 中的白框，输入数“0”。这样，当“苍蝇”遇到“捕蝇草”时就停止飞动。

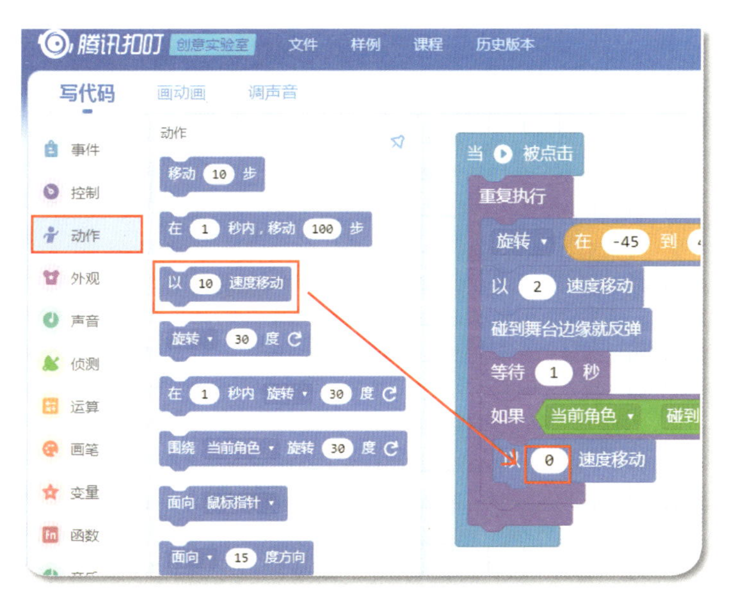


(4) 将鼠标移至积木块类别区的“控制”类积木，在积木块选择区中找到积木 等待 1 秒 ，并把它拖曳到积木块编辑区，拼接到积

木 以 0 速度移动 的下方。点击 等待 1 秒 中的白框，输入数“2”。这样，当“苍蝇”落在“捕蝇草”上时就会停止 2 秒。

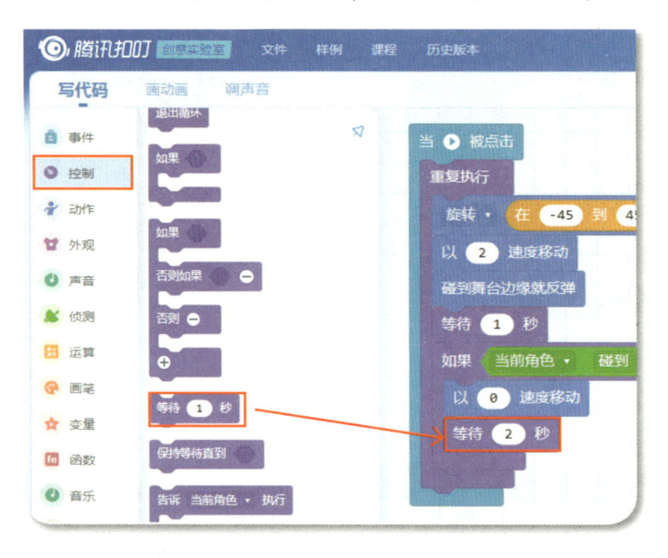


(5) 将鼠标移至积木块类别区的“外观”类积木，在积木块选择区中找到积木 隐藏 ，并把它拖曳到积木块编辑区，拼接到积木 等待 2 秒 的下方。

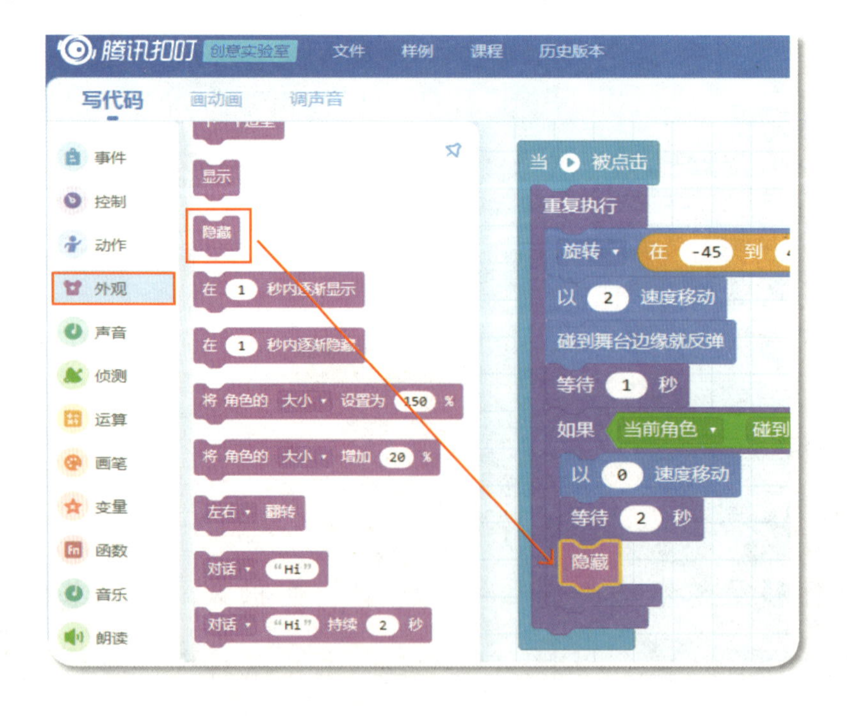

(6) 将鼠标移至积木块类别区的“事件”类积木，在积木块选择区中找到积木 停止 所有角色，并把它拖曳到积木块编辑区，拼接到积木 隐藏 的下方。

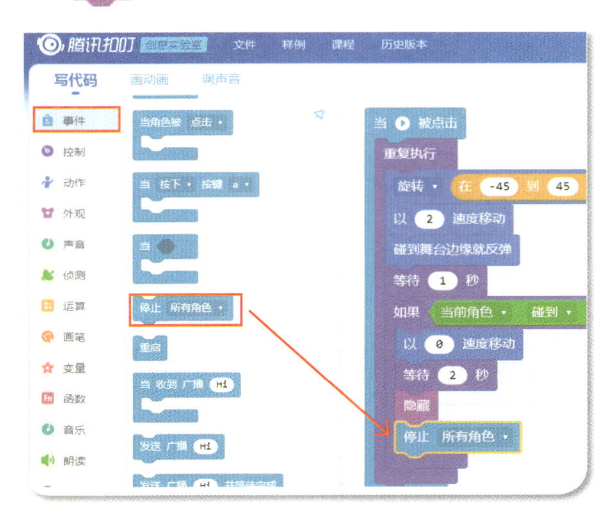


点击积木 停止 所有角色 中右侧的向下箭头，选择“当前角色”选项。

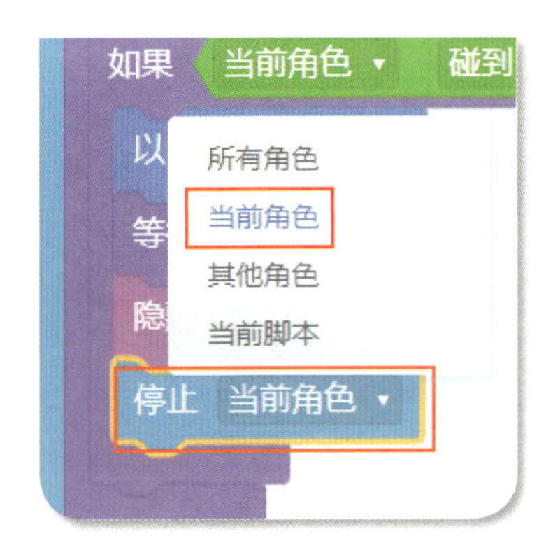


步骤 (4) (5) (6) 的作用是让“苍蝇”在被“捕蝇草”捉住 2 秒后消失，并且“苍蝇”停止运动。在播放动画时看起来就像“苍蝇”被“捕蝇草”吃掉了。

步骤三：发送广播告诉“捕蝇草”闭合 3 秒后再打开。这里的广播就相当于给“捕蝇草”发送一个信息，“捕蝇草”收到信息就知道接下来需要进行的步骤。

（1）同样，在角色“捕蝇草”的脚本编辑区里，将鼠标移至积木块类别区的“事件”类积木，在积木块选择区中找到积木 发送 广播 Hi ，并把它拖曳到积木块编辑区，拼接到积木 停止 当前角色 的下方。广播可以在两个角色之间传递信息，这里的作用是通知“捕蝇草”闭合。

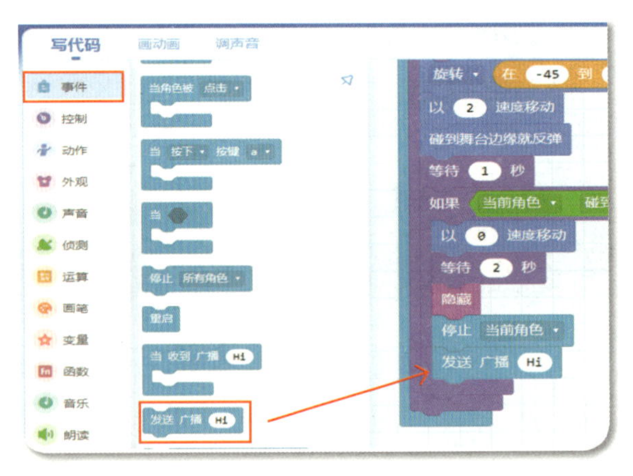


（2）点击“捕蝇草”角色，点击脚本编辑区的“写代码”标签按钮，再将鼠标移至积木块类别区的“事件”类积木，在积木块选择区中找到积木 当 收到 广播 Hi ，并把它拖曳到积木块编辑区。当收到“苍蝇”发来的广播后，“捕蝇草”就开始行动。

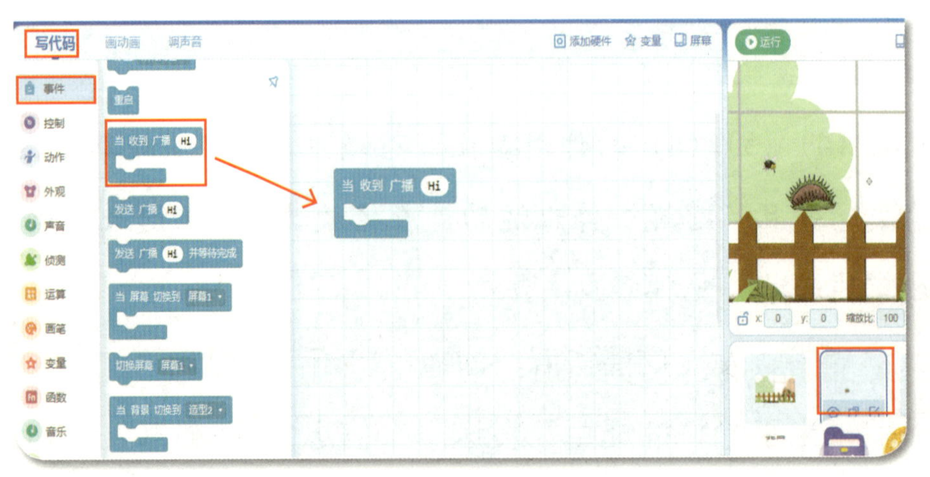

（3）将鼠标移至积木块类别区的“外观”类积木，在积木块选择区中找到积木 切换到造型 造型1，并把它拖曳到积木块编辑区积木 当 收到 广播 Hi 的肚子里。

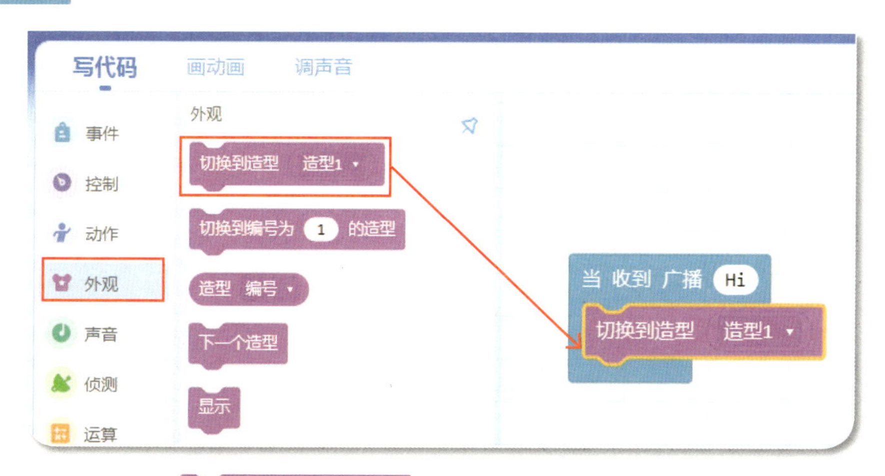


点击积木 切换到造型 造型1 中“造型 1”右侧的向下箭头，点选“造型 2”命令。这个积木让“捕蝇草”收到广播后闭合。

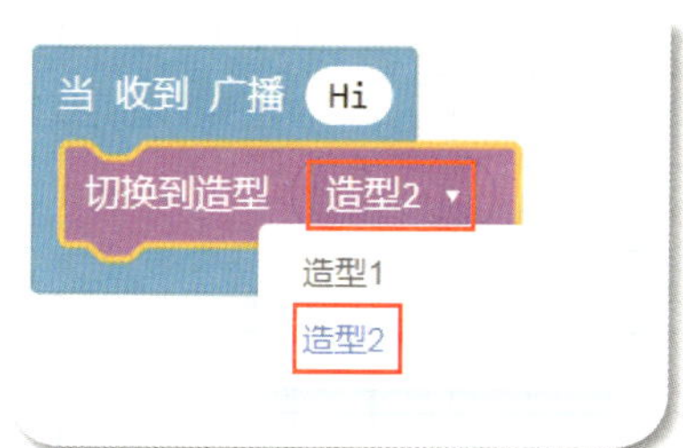


（4）将鼠标移至积木块类别区的“控制”类积木，在积木块选择区中找到积木 等待 1 秒，并把它拖曳到积木块编辑区，拼接到积木 切换到造型 造型2 的下方。点击 等待 1 秒 中的白框，输入数“3”。

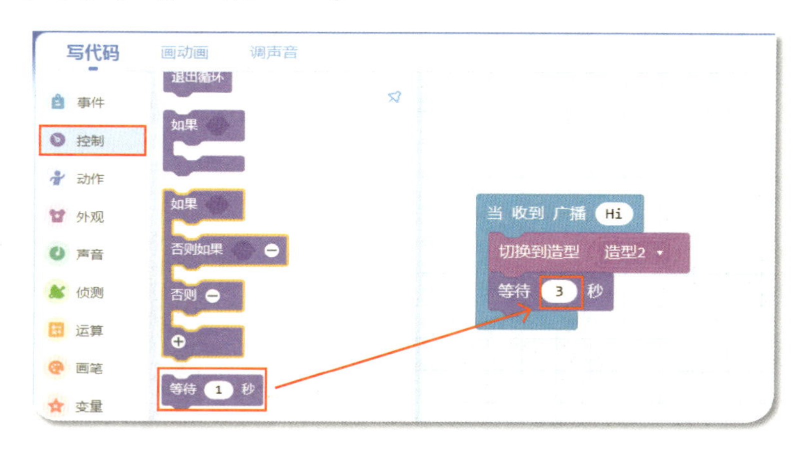

（5）将鼠标移至积木块类别区的“外观”类积木，在积木块选择区中找到积木 切换到造型 造型1 ，并把它拖曳到积木块编辑区，拼接到积木 等待 3 秒 的下方。3 秒后，“捕蝇草”重新张开。

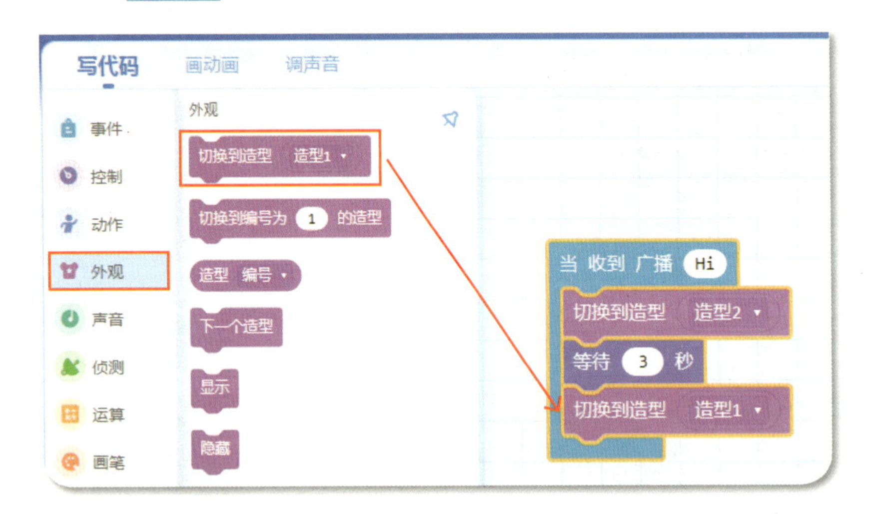


现在，所有的动画都已完成。

## 8.3.5 运行程序

点击“运行” 按钮，看看动画的效果如何吧。

### 8.3.6 保存文件

完成了前面的编程，不要忘记保存这个作品哦。首先登录腾讯扣叮账户，然后点选菜单栏右边的 保存 按钮，程序就保存在腾讯扣叮账户里啦。

如果想让其他小朋友也看到我们的程序，就点击 发布 按钮，这样我们的作品就发布在腾讯扣叮平台上了。

如果我们想把作品保存到本地电脑里，可以点击菜单栏左边的“文件”按钮，选择“导出到电脑”命令，刚刚完成的作品就下载到电脑中了。

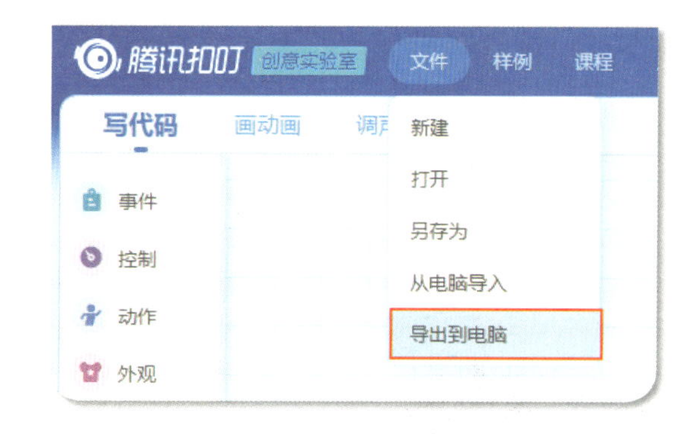


## 8.4 编程之路

现在，我们一起来回顾一下这次编程之旅吧。

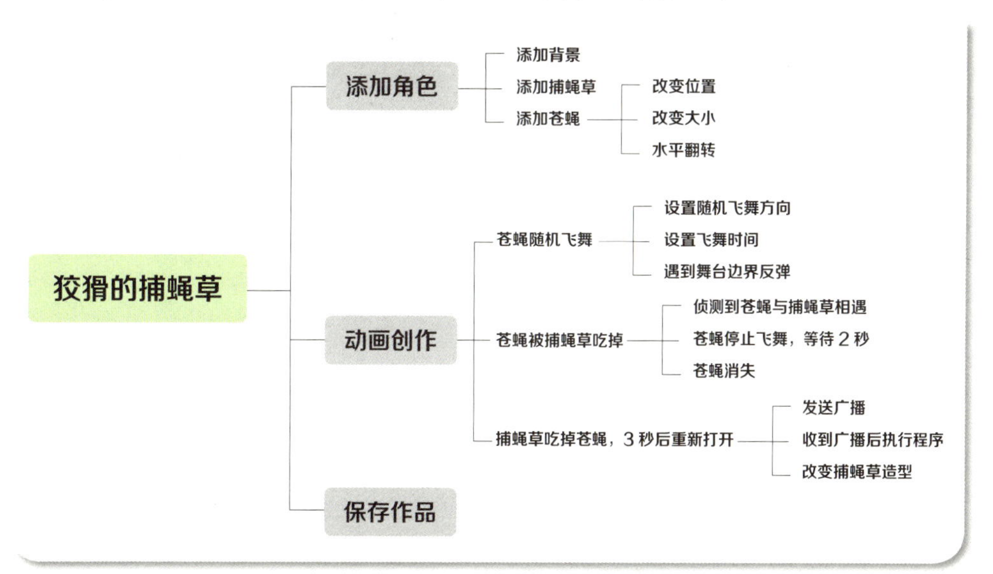

# 植物园的客人——孔雀

笑笑和萌萌在孔雀园中想办法召唤孔雀的经历。两个小朋友用漂亮的舞姿和欢快的声音吸引了美丽的孔雀。

萌萌和笑笑来到孔雀园门口，看到介绍牌上写着：进园召唤孔雀，看看你是不是能够看到美丽的孔雀。萌萌和笑笑读完提示后，更加兴奋了。

两个小朋友走进孔雀园，看到了一排五颜六色的花草，还有一片绿地，并没有见到想象中的美丽孔雀。笑笑耷拉着脑袋，有一些失落，对萌萌说："我们会不会找不到孔雀了？"萌萌本来也有一些失望，突然想起介绍牌上的"召唤"二字。于是略有所思地对笑笑说："或许我们可以想想'召唤'出孔雀的办法！"笑笑听完仿佛也找到了破解方法，说道："孔雀那么漂亮，肯定也喜欢漂亮的人或响亮的声音，我们或许可以用漂亮的舞蹈和响亮的声音吸引它们出来！"笑笑说完，萌萌表示赞同。

于是两人轻轻地唱起了歌儿，跳起了舞蹈。美妙的歌声和漂亮的舞姿吸引了众人的目光，当然他们是希望借此"召唤"出孔雀。刚跳了一会儿，在大家纷纷驻足观看、拍手称赞的时候，没想到，孔雀出现了，它们扭动着身体，高傲地走来走去，颜色可漂亮了。两人兴奋地跳了起来。"这就是老师说的'功夫不负有心人'，'只要功夫深，铁杵磨成针'！"萌萌开心地说道。笑笑连忙点头表示赞同。

小朋友，我们一起来尝试召唤孔雀吧！

## 9.1 演示程序

我们观察到：在孔雀园里，孔雀在小朋友的召唤下会慢慢地出现。扫描右边的二维码，看看编程实现的效果吧。

点击屏幕上的运行 ▶ 按钮运行程序，点击小女孩，看看会发生什么。

## 9.2 解锁编程技能

编完这个程序，你将获得以下新技能：

(1) 场景切换
(2) 双重条件设置
(3) 添加语音

## 9.3 一步一步学编程

现在，让我们一起学习如何在植物园里召唤出孔雀吧。

### 9.3.1 准备好编程资源

准备好相关编程资源，这个环节可以找家长或老师帮忙哦，但是，要记得文件存放的位置。

步骤一：将图书配套资源文件的压缩包下载到计算机。

步骤二：将资源文件解压缩，并保存到指定位置。

步骤三：打开第 9 章文件夹，确认包括这些文件："第 9 章植物园的客人—孔雀 .cdc""背景 .jpg""孔雀音频 .m4a""孔雀 .png""小女孩 .png"。

### 9.3.2 新建项目

点击菜单栏中的"文件"按钮，点选"新建"命令，然后在已选素材区点击"空白项目"图标。

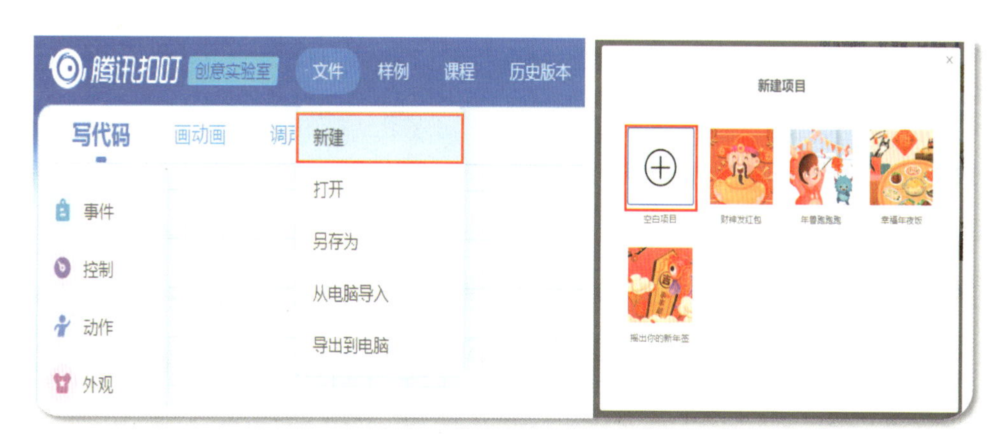

### 9.3.3 添加背景与角色

现在，我们来布置舞台背景，邀请故事角色——孔雀和小女孩上场，并导入声音文件。

步骤一：布置舞台背景——植物园。

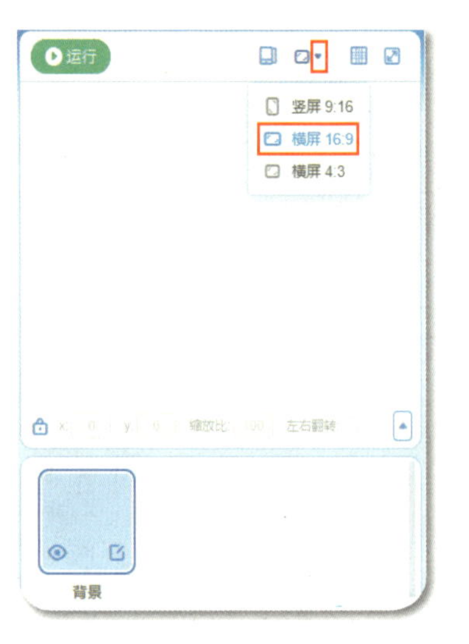


（1）调整屏幕显示比例。在舞台预览区的右上方，点击“比例切换”标签旁的小三角形图标，点选“横屏 16:9”命令。

（2）点击已选素材区“背景”右下角的编辑按钮，点击左侧的“本地上传”选项，在弹出的“打开”对话框中，点选“背景.jpg”图标，点击“打开”按钮。

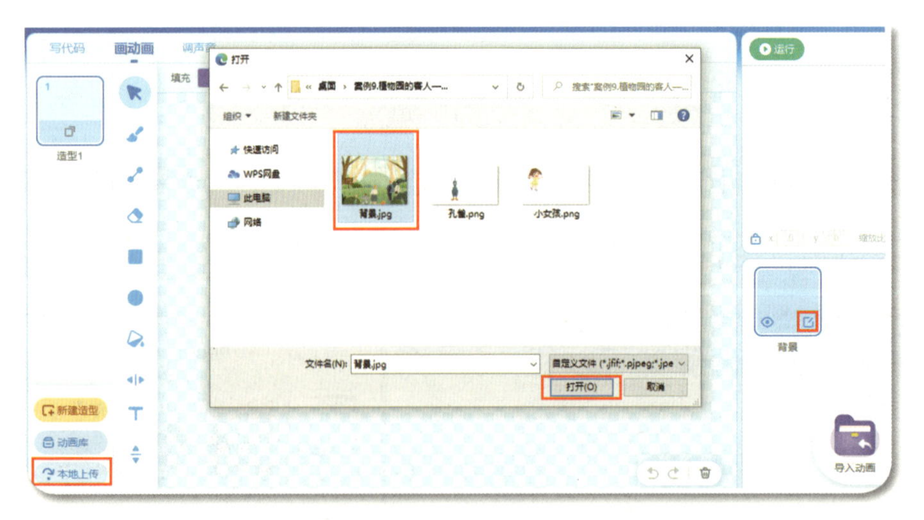


（3）调整背景图片的大小。在舞台预览区的底部，点击属性区的 🔒 图标后就可以调整图片的坐标与大小。点击“缩放比”标签右侧的方框，输入“50”。此时，背景图片正好铺满整个舞台。

（4）删除背景的多余造型。将鼠标指针移到左侧“预览效果”中的“造型 1”上，点击右上角的 按钮，然后在弹出的提示框中点击“确认”按钮，即可删除“造型 1”。

步骤二：添加“孔雀”角色。

（1）在已选素材区点击右下角的“导入动画”按钮，在弹出的“打开”对话框中，点选“孔雀.png”图标，点击“打开”按钮。

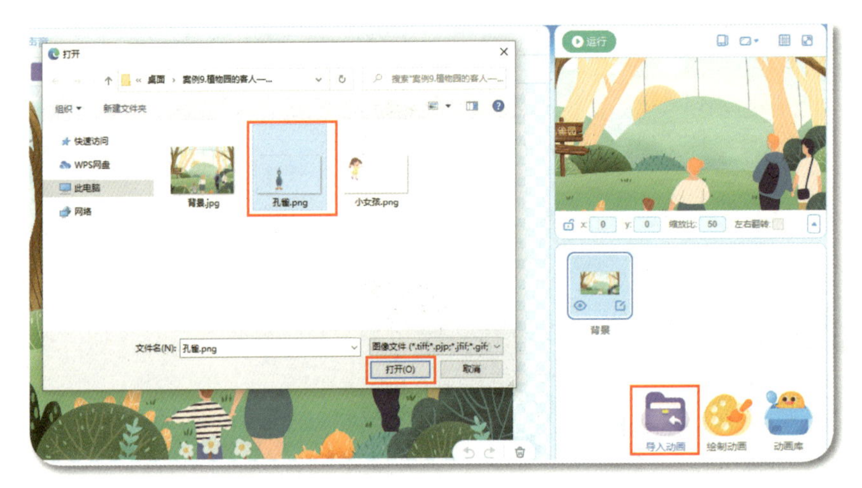

(2) 用鼠标将右上角舞台预览区孔雀角色的中心点拖曳到孔雀脖子的下方。

(3) 调整孔雀的大小与位置。在舞台预览区底部，点击“x:”标签右侧的方框，输入数“210”；点击“y:”标签右侧的方框，输入数“−100”；点击“缩放比：”标签右侧的方框，输入数“25”。此时，孔雀以合适的大小出现在舞台上。

步骤三：添加“小女孩”角色。

(1) 在已选素材区点击右下角的“导入动画”按钮，在弹出的“打开”对话框中，点选“小女孩.png”图标，点击“打开”按钮。

(2) 调整小女孩的大小与位置。在舞台预览区底部，点击“x:”标签右侧的方框，输入数“−310”；点击“y:”标签右侧的方框，输入数“−260”。点击“缩放比:”标签右侧的方框，输入数“30”。此时，小女孩以合适的大小出现在舞台左下方。

步骤四：导入声音文件。

点击脚本编辑区上方的“调声音”标签按钮，点击左下角的“导入声音”按钮，在弹出的“打开”对话框中，点选“孔雀音频.m4a”图标，点击“打开”按钮。这样，孔雀音频就上传成功啦。

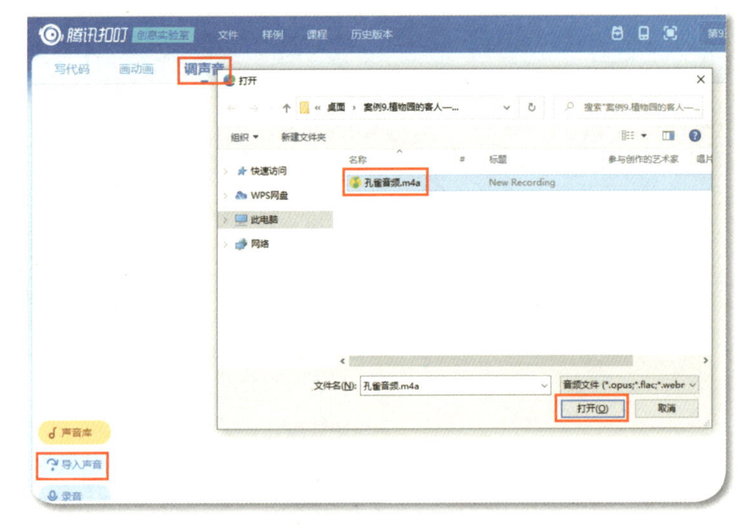


## 9.3.4 编写程序

接下来我们就要准备召唤孔雀啦。

步骤一：点击脚本编辑区上方的“写代码”标签按钮。将鼠标指针移至积木块类别区的“事件”类积木，在积木块选择区中找到积木 当 被点击 ，并把它拖曳到积木块编辑区。

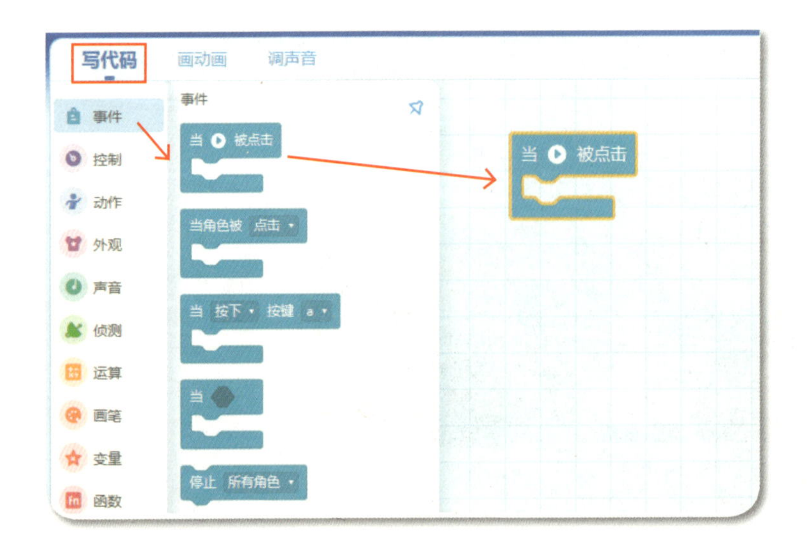

**步骤二：** 在积木块类别区的“控制”类积木中找到积木 

，把它拖曳到积木块编辑区 

的肚子里。

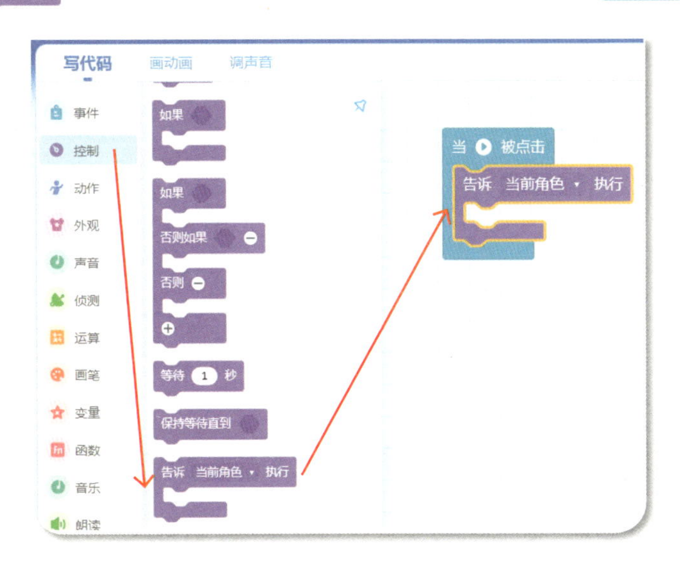


点击 告诉 当前角色 执行 中的三角形箭头图标，选择“孔雀 .png”图标。

**步骤三：** 在积木块类别区的“外观”类积木中找到积木 隐藏 ，把它拖曳到积木块编辑区积木 告诉 孔雀.png 执行 的肚子里。这样，在动画开始时，孔雀是隐藏起来的。

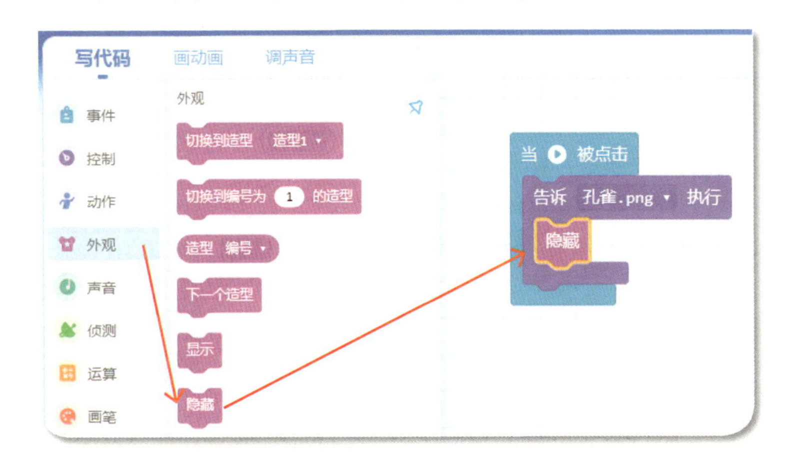

步骤四：在积木块类别区的“控制”类积木中找到积木 重复执行，并把它拖曳到积木块编辑区，拼接到 隐藏 的下方。

步骤五：在积木块类别区的“控制”类积木中找到积木 如果，并把它拖曳到积木块编辑区积木  的肚子里。

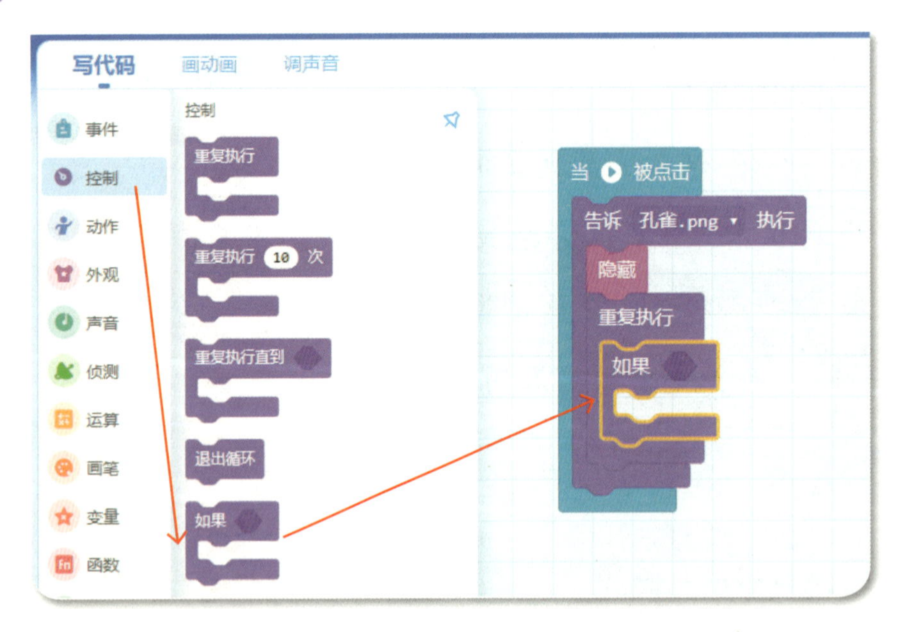


步骤六：在积木块类别区的“侦测”类积木中找到积木 当前角色 被 点击，并把它拖曳到积木块编辑区积木 如果 “如果”旁的六边形框里。

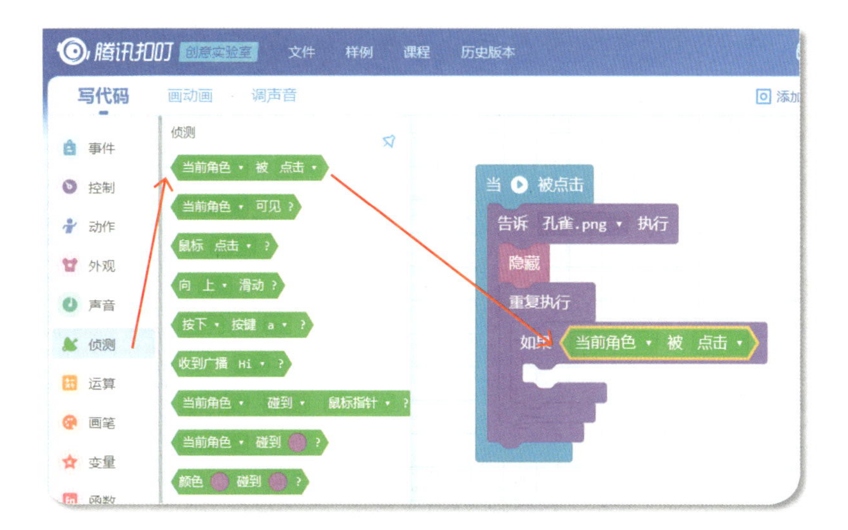


点击 当前角色▾ 被 点击▾ 中的第一个三角形箭头图标，选择“小女孩.png”命令。

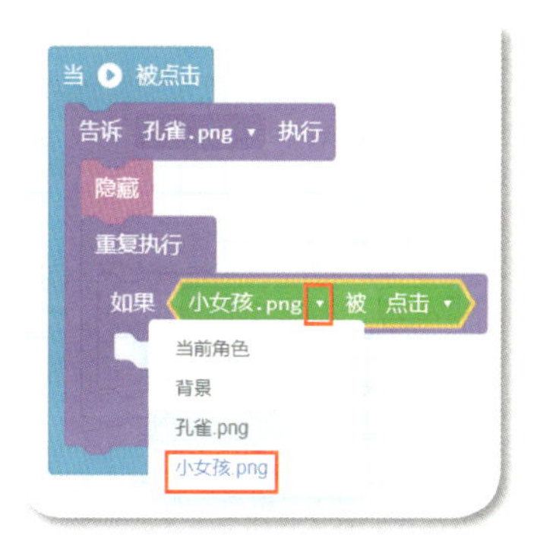


**步骤七：**在积木块类别区的“声音”类积木中找到积木 播放声音 孔雀音频.m4a▾ 直到结束，并把它拖曳到积木块编辑区积木 如果 小女孩.png▾ 被 点击▾ 的肚子里。此时，如果我们点击小女孩，就能听到召唤孔雀的音频了。

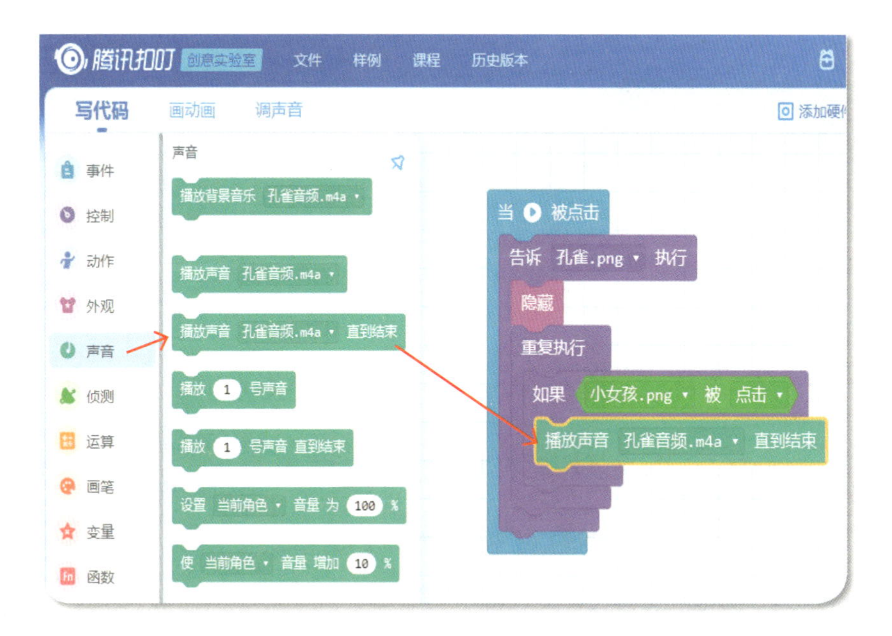

步骤八：在积木块类别区的“控制”类积木中找到积木 告诉 当前角色 执行，把它拖曳到积木块编辑区，拼接到 播放声音 孔雀音频.m4a 直到结束 的下方。

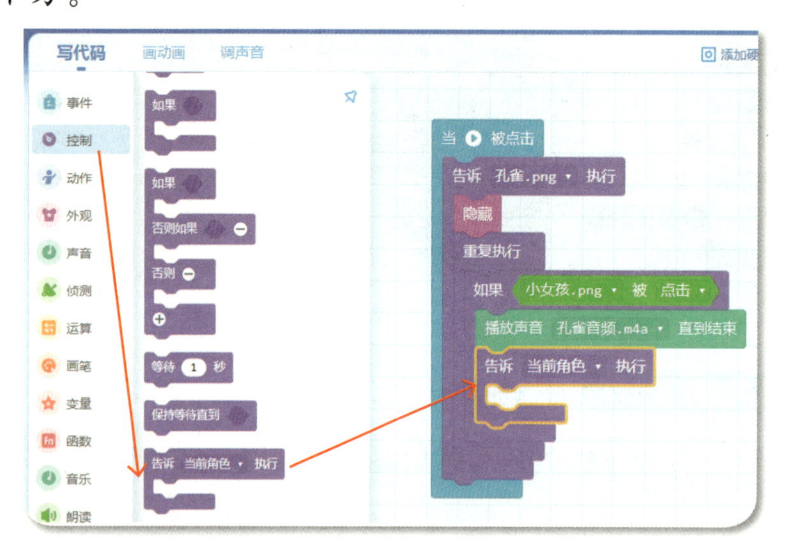


点击 告诉 当前角色 执行 中的三角形箭头图标，选择“孔雀.png”选项。

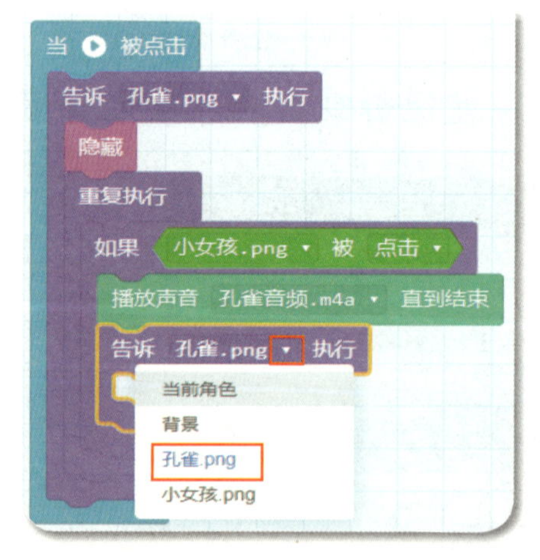


步骤九：在积木块类别区的“外观”类积木中找到积木 在 1 秒内逐渐显示，并把它拖曳到积木块编辑区积木 告诉 孔雀.png 执行 的肚子里。点击 在 1 秒内逐渐显示 中的白框，输入数“2”。这样，当孔雀音频播放完后，孔雀就会逐渐出现。

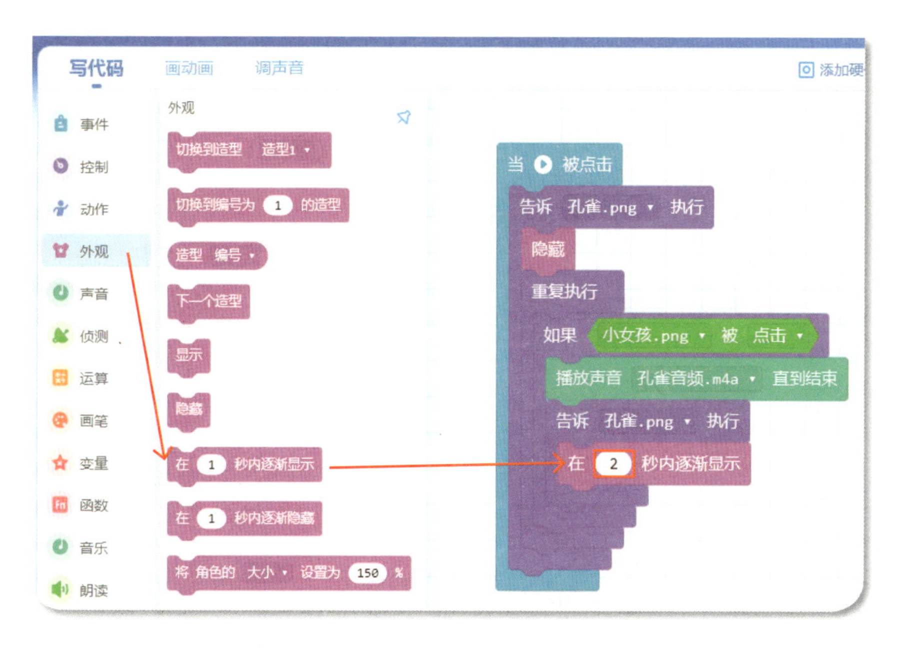


步骤十：在积木块类别区的“动作”类积木中找到积木 在 1 秒内，移到 x 300 y 200 ，并把它拖曳到积木块编辑区，拼接到 在 2 秒内逐渐显示 的下方。点击积木 在 1 秒内，移到 x 300 y 200 中的第 1 个白框，输入数“3”；点击第 2 个白框，输入数“100”；点击第 3 个白框，输入数“-120”。此时孔雀离小女孩更近了。

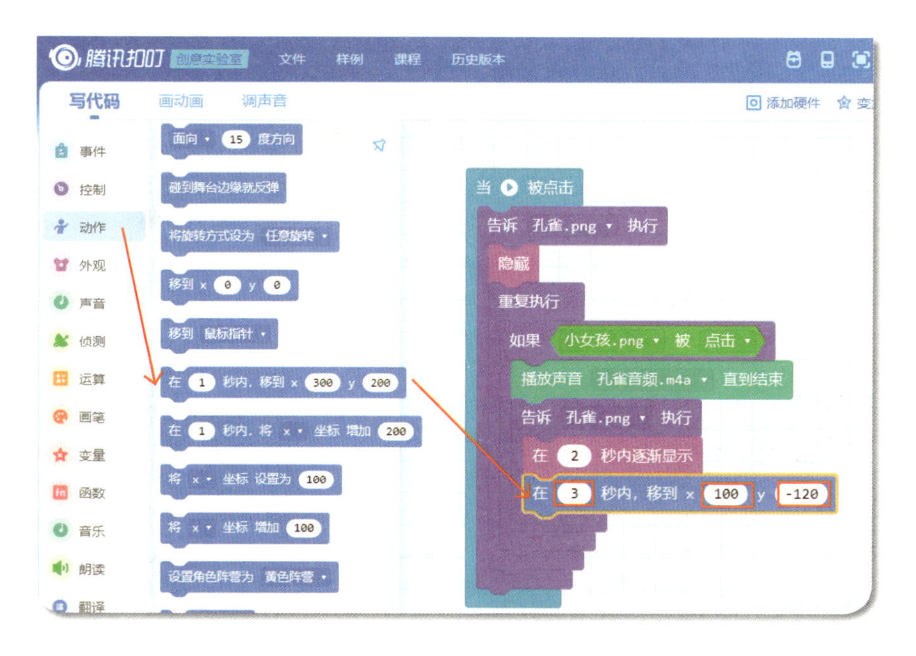

完成以上所有步骤后，我们得到了如下代码：

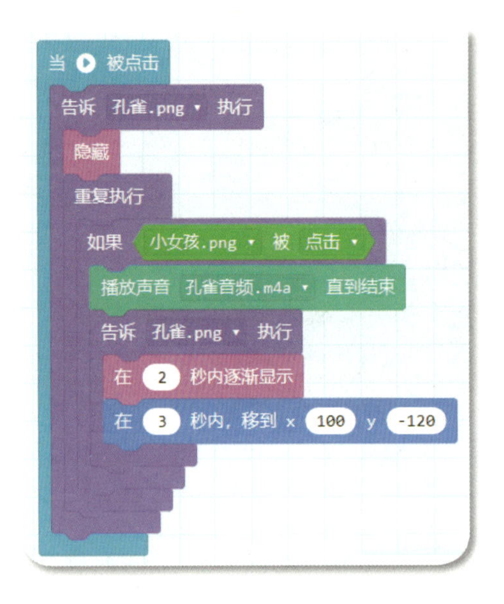


## 9.3.5 运行程序

点击舞台预览区左上角的 运行 按钮，点击小女孩，看看效果如何。下面是运行前后的效果对比图。

运行前：

运行后：

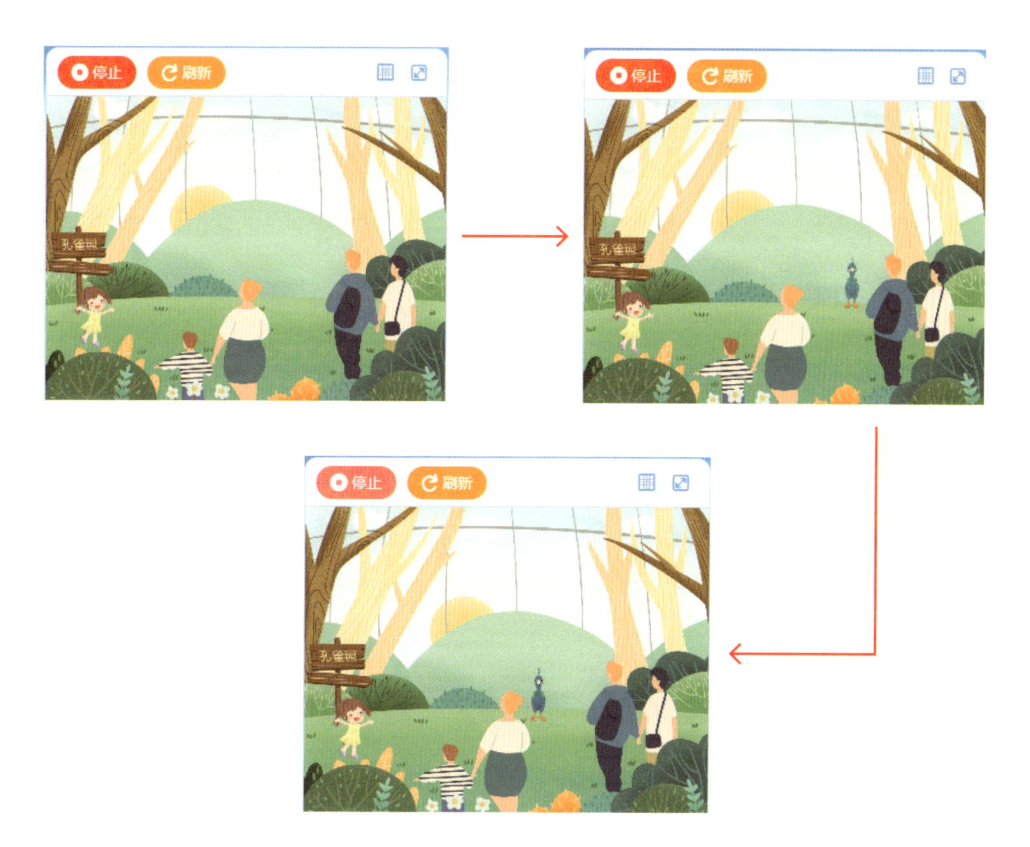

### 9.3.6 保存文件

完成了前面的编程，不要忘记保存这个作品哦。首先登录腾讯扣叮账户，然后点选菜单栏右边的 保存 按钮，程序就保存在腾讯扣叮账户里啦。

如果想让其他小朋友也看到我们的程序，就点击 发布 按钮，这样我们的作品就发布在腾讯扣叮平台上了。

如果我们想把作品保存到本地电脑里，可以点击菜单栏左边的“文件”按钮，选择“导出到电脑”命令，刚刚完成的作品就下载到电脑中了。

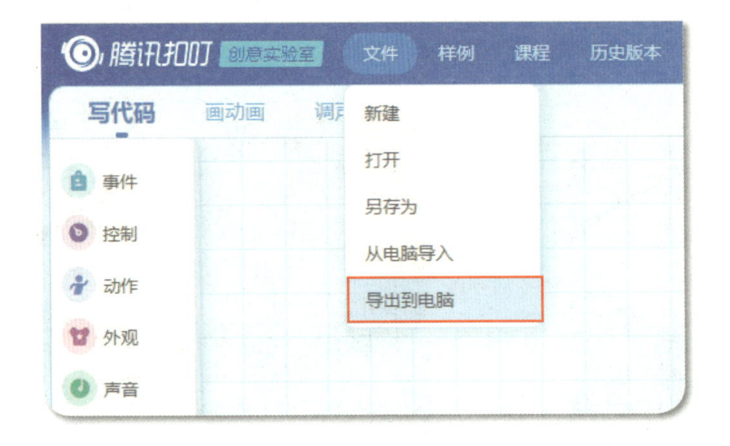


## 9.4 编程之路

现在，我们一起来回顾这次编程之旅吧。

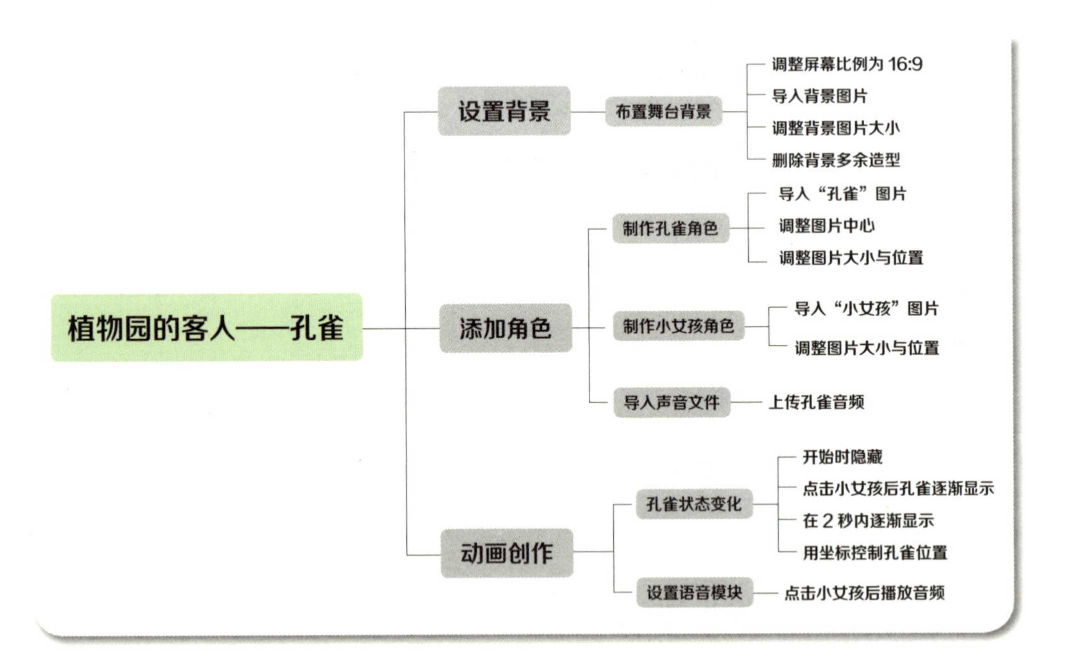

# 骄傲的孔雀

关于笑笑和萌萌让孔雀开屏的故事。他们用五颜六色的花朵和快乐的称赞声吸引孔雀，让它展开了漂亮的尾屏。

“笑笑，我们已经收集完所有的植物信息，只要让孔雀开屏，我们就完成任务了。”萌萌兴奋地说。

可没过一会儿，笑笑犯嘀咕了，略带疑惑地说：“虽然找到孔雀了，但是怎么让孔雀开屏呢？”萌萌二话不说，挥舞着双手，又蹦又跳，手舞足蹈，可就是没有孔雀愿意开屏。

“这可怎么办？孔雀一点都不听话。”萌萌嘟囔着。讲解员仿佛看到了萌萌的疑惑，上前点拨他们让孔雀开屏的技巧。她说：“孔雀开屏的原因有三个。第一是为了吸引雌孔雀。每年到了孔雀产卵繁殖的季节，也就是春天，雄孔雀就会展开五彩缤纷、色泽艳丽的尾屏，不停地做出各种各样优美的舞蹈动作，向雌孔雀炫耀自己的美丽，以此吸引雌孔雀；第二是为了保护自己，在孔雀的大尾屏上，我们可以看到五色金翠线纹，其中散布着许多近似圆形的‘眼状斑’，这种斑纹从内至外由紫、蓝、褐、黄、红等颜色组成，一旦遇到敌人而又来不及逃避时，孔雀便突然开屏，然后抖动它‘沙沙’作响，很多的眼状斑随之乱动起来，敌人畏惧这种‘多眼怪兽’，也就不敢贸然前进了；第三是因为受惊吓，在动物园，我们经常看见孔雀开屏。动物学工作者认为大红大绿的服色、游客的大声谈笑，可以刺激孔雀，引起它们的警惕戒备，这时孔雀开屏，也是一种示威、防御的动作。凡是注意观察自然界各种现象的人，都会注意到，当猎食动物，比如，鹰、黄鼠狼等向带着鸡雏的母鸡进攻时，母鸡会竖起它的羽毛。这种动作只是它们的一种防御反应，孔雀受惊吓时的开屏动作也是如此。我讲了这三点原因之后，你们应该知道怎么才能让孔雀开屏了吧？”说着，讲解员指着门口的一排绢花对两位小朋友眨了眨眼。

萌萌和笑笑一下就明白了，跑过去选了3种不同颜色的花草，同时开心地拍手欢呼。果然，孔雀真的抖开了漂亮的尾屏。

小朋友，现在让我们一起编写程序来展现他们是如何让孔雀开屏的吧。

## 10.1 演示程序

我们观察到：小朋友给孔雀展现了 3 朵美丽的鲜花，然后大声称赞它的美丽，骄傲的孔雀就开屏了。扫描下面的二维码，看看编程实现的效果吧。

点击屏幕上的运行 ▶ 按钮运行程序，将 3 朵花放进花篮，然后点击小女孩，看看会发生什么吧。

## 10.2 解锁编程技能

编完这个程序，你将获得以下新技能：

- (1) 添加变量
- (2) 变量的使用
- (3) 颜色阵营的使用

## 10.3 一步一步学编程

小朋友，现在就和老师一起来完成骄傲的孔雀开屏的故事吧。

### 10.3.1 准备好编程资源

准备好相关编程资源，这个环节可以找家长或老师帮忙哦，但是，要记得文件存放的位置。

步骤一：将图书配套资源文件的压缩包下载到计算机。

步骤二：将资源文件解压缩并保存到指定位置。

步骤三：打开第 10 章文件夹，确认包括这些文件：“背景 .jpg”“儿童 .png”“孔雀 .png”“孔雀 2.png”“花篮 .png”“花 1.png”“花 2.png”“花 3.png”“花 4.png”“花 5.png”“声音 .m4a”“第 10 章 骄傲的孔雀 .cdc”。

### 10.3.2 新建项目

点击菜单栏中的“文件”按钮，点选“新建”命令，然后在已选素材区点击“空白项目”图标。

## 10.3.3 添加背景与角色

接下来，我们开始正式编程啦！

打开腾讯扣叮编程平台，布置好舞台背景，邀请故事角色上场。

步骤一：布置舞台背景。

（1）点选已选素材区“背景”右下角的编辑按钮，点选左侧的“本地上传”按钮，在弹出的“文件上传”对话框中，点选“背景.png”图标，点击“打开”按钮。

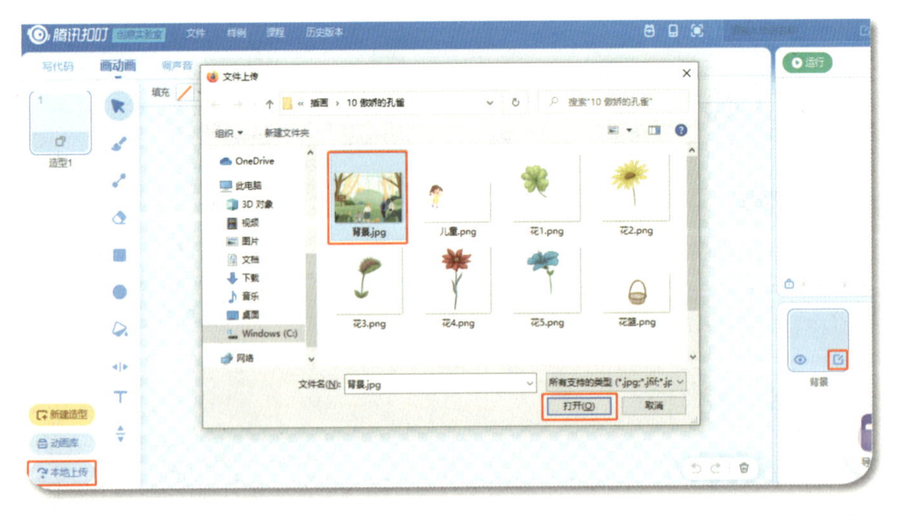


（2）调整背景图片的大小。在舞台预览区的底部，点击属性区的 🔒 图标后就可以调整图片的大小。点击“缩放比：”标签右侧的方框，输入数“45”。此时，背景图片正好铺满整个舞台。

（3）删除背景的多余造型。将鼠标指针移到左侧“预览效果”中的造型 1 上，点击右上角的 按钮，然后在弹出的提示框中点击“确认”按钮，即可删除“造型 1”。

步骤二：添加“儿童”角色。

（1）点击已选素材区的“导入动画”图标，在弹出的“打开”对话框中，选择“儿童 .png”图标，点击“打开”按钮，导入儿童角色。

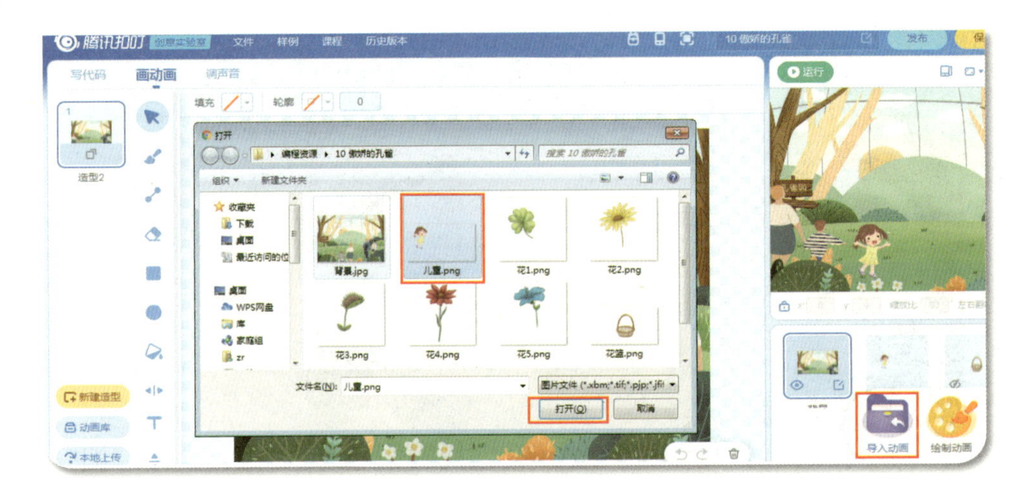

(2) 点击已选素材区里的“儿童.png”角色图标，点击运行窗口下方的坐标“x:”右侧的方框，输入数“50”；点击运行窗口下方的坐标“y:”右侧的方框，输入数“–350”；点击“缩放比:”右侧的方框，输入数“40”。这样，儿童角色的位置和大小就成功更改了。

(3) 选择已选素材区的“儿童.png”角色图标，去掉名字后的后缀“.png”。

步骤三：添加“孔雀”角色。

(1) 点击已选素材区的“导入动画”标签按钮，在弹出的“打开”对话框中，选择“孔雀.png”图标，点击“打开”按钮，添加孔雀角色。

(2) 需要为孔雀角色添加新的造型，包括“未开屏”和“开屏”两个造型。点击“本地上传”按钮,选择“孔雀 2.png”图标，点击“打开”按钮。

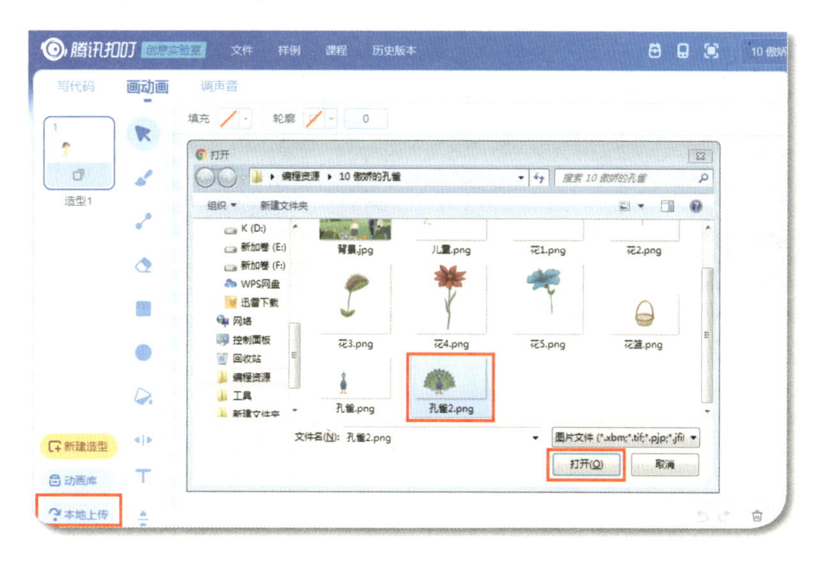

(3) 为孔雀角色的大小和位置做一些调整，点击“造型 1”，将默认造型改为“造型 1”。

点击“x:”右侧的方框，输入数“50”；点击“y:”右侧的方框，输入数“50”；点击“缩放比:”右侧的方框，输入数“25”。这样，孔雀角色的位置和大小就成功更改了。

（4）选择已选素材区的“孔雀 .png”角色图标，去掉名字后的后缀“.png”。

**步骤四：** 添加“花篮”角色。

（1）点击已选素材区的“导入动画”按钮，在弹出的“打开”

对话框中，选择“花篮.png”图标，点击“打开”按钮，导入花篮角色。

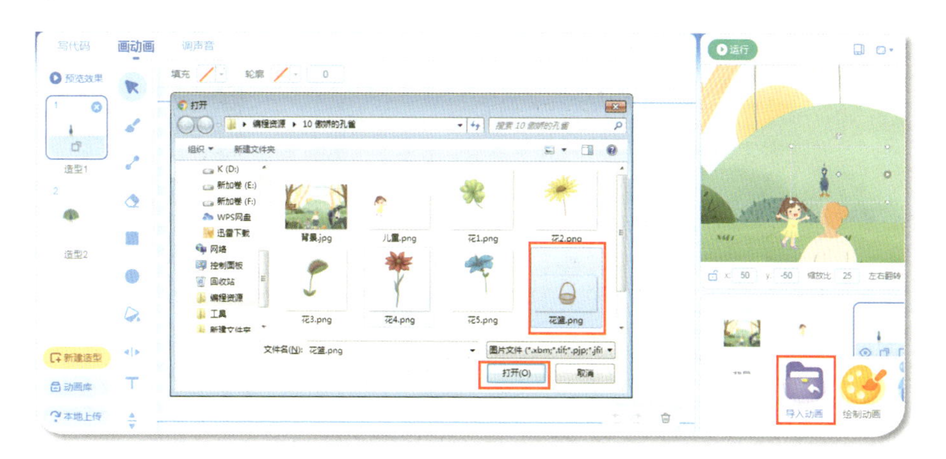


(2) 点选“花篮.png”图标，点击“y:”右侧的方框，输入数“−350”；点击“缩放比:”右侧的方框，输入数“20”。这样，花篮的位置和大小就成功更改了。

(3) 选择已选素材区的“花篮.png”图标，去掉名字后的后缀“.png”。

**步骤五：** 添加“花1”角色。

(1) 点击已选素材区的“导入动画”按钮，在弹出的“打开”

对话框中，选择“花 1.png”图标，点击“打开”按钮，添加“花 1”角色。

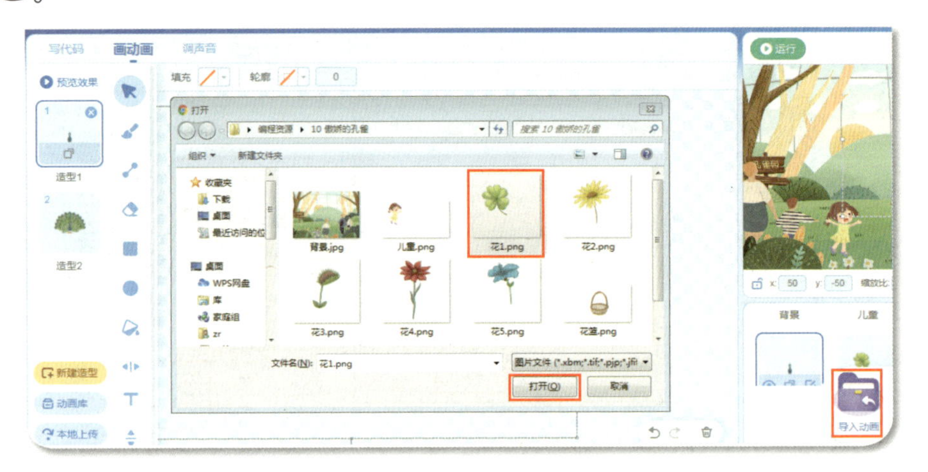

(2) 点击“x:”右侧的方框，输入数“400”；点击“y:”右侧的方框，输入数“400”；点击“缩放比 :”右侧的方框，输入数“25”。这样，“花 1”的位置和大小就成功更改了。

(3) 选择已选素材区的“花 1.png”图标，去掉名字后的后缀“.png”。

步骤六：添加“花 2”角色。

(1) 点击已选素材区的“导入动画”按钮，在弹出的“打开”

对话框中，点选“花 2.png”图标，点击“打开”按钮，添加“花 2”角色。

（2）点击“x:”右侧的方框，输入数“200”；点击“y:”右侧的方框，输入数“400”；点击“缩放比 :”右侧的方框，输入数“25”。这样，“花 2”的位置和大小就成功更改了。

（3）选择已选素材区的“花 2.png”图标，去掉名字后的后缀“.png”。

**步骤七：** 添加“花 3”角色。

（1）点击已选素材区的“导入动画”按钮，在弹出的“打开”

对话框中，选择“花 3.png”图标，点击“打开”按钮，添加“花 3”角色。

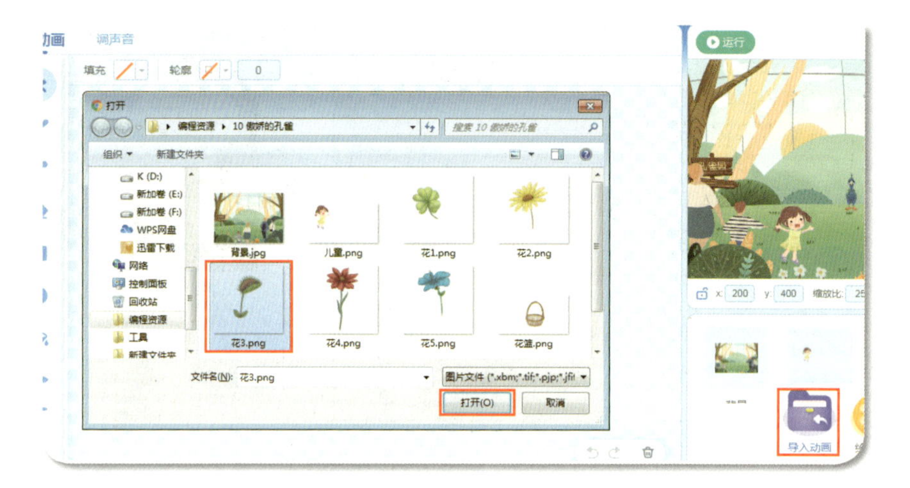


(2) 点击“y:”右侧的方框，输入数“400”；点击“缩放比:”右侧的方框，输入数“25”。这样，“花 3”的位置和大小就成功更改了。

(3) 选择已选素材区的“花 3.png”图标，去掉名字后的后缀“.png”。

**步骤八：**接下来添加剩余的两朵花角色。

(1) 点击已选素材区的“导入动画”按钮，在弹出的“打开”

对话框中，选择“花 4.png”图标，点击“打开”按钮，添加角色“花 4”。

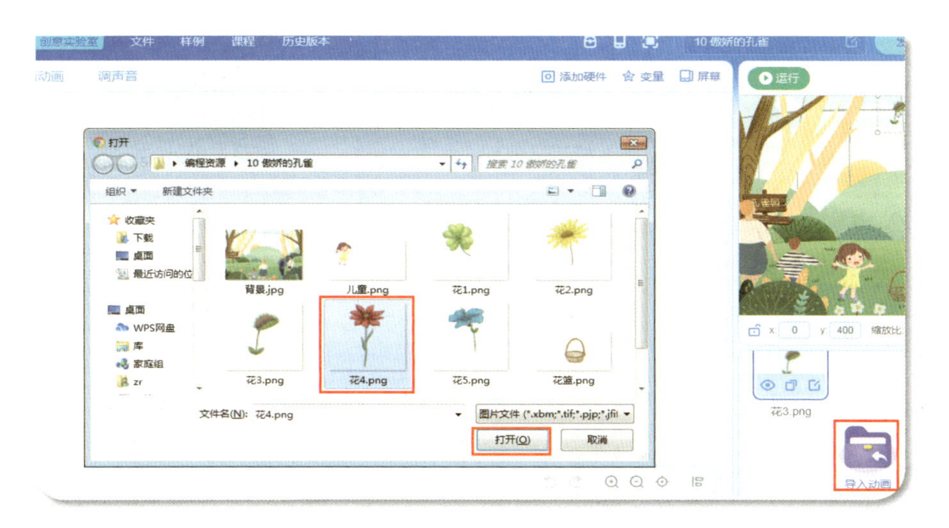


（2）点击“x:”右侧的方框，输入数“–200”；点击“y:”右侧的方框，输入数“400”；点击“缩放比：”右侧的方框，输入数“25”。这样，第 4 朵花的位置和大小就成功更改了。

（3）同样，点击已选素材区的“导入动画”按钮，在弹出的“打开”对话框中，选择“花 5.png”图标，点击“打开”按钮，导入角色“花 5”。

（4）点击“x:”右侧的方框，输入数“–400”；点击“y:”右侧的方框，输入数“400”；点击“缩放比：”右侧的方框，输入数“25”。这样，第 5 朵花的位置和大小就成功更改了。

（5）选择已选素材区的“花 4.png”和“花 5.png”图标，去掉名字后的后缀“.png”。

步骤九：添加声音。

先点击脚本编辑区左上角的“调声音”按钮，再点击“导入声音”命令，在弹出的“打开”对话框中，选择“声音 .m4a”图标，点击“打开”按钮，导入声音。

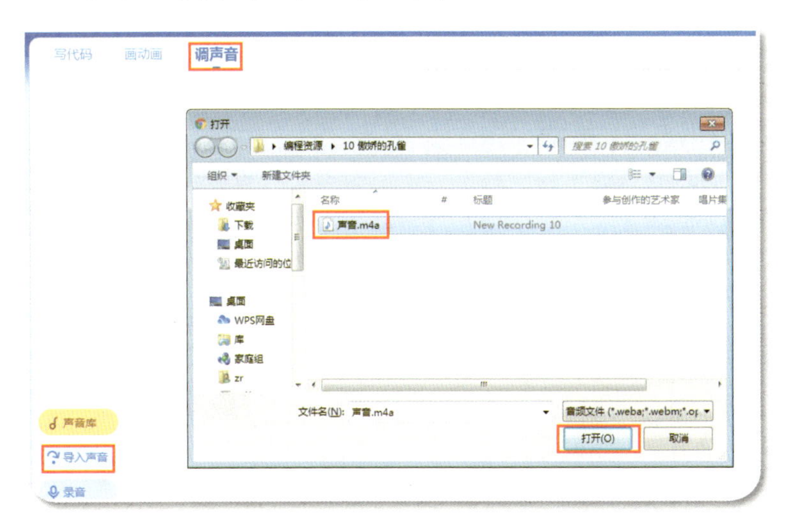


现在，我们已经把舞台和舞台上的角色和声音准备好了。

## 10.3.4 编写程序

小朋友，现在我们一起搭积木，让故事中的角色动起来吧。

**步骤一：** 设置变量。

我们需要在花篮里装满3朵花，才能满足孔雀开屏的条件之一。首先我们需要添加变量“花的数量”，先点击“变量”标签，点击“新建变量”按钮，在空白处输入“花的数量”作为变量名，点选“全局变量”，然后点击“确认”按钮。右图中的数字代表了我们鼠标点击的顺序。

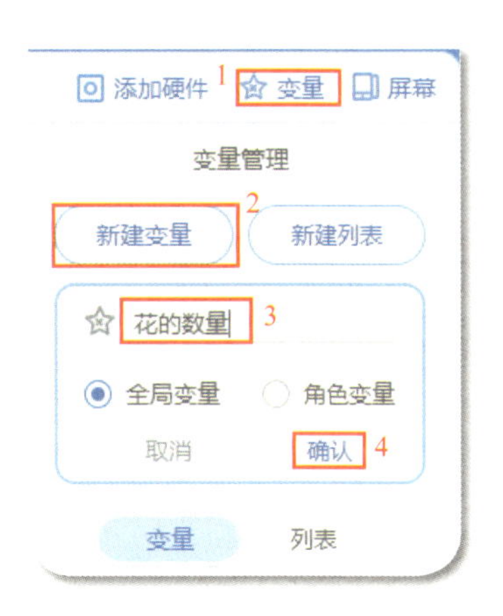


**步骤二：** 拖动鲜花，并设置花的阵营为“黄色阵营”。

（1）在舞台编辑区的已选素材区的角色中，点选“花1”图标，然后在脚本编辑区的上方点击“写代码”按钮标签，将鼠标指针移至积木块类别区的“事件”类积木，在积木块选择区中找到积木 当角色被 点击，并把它拖曳到积木块编辑区。

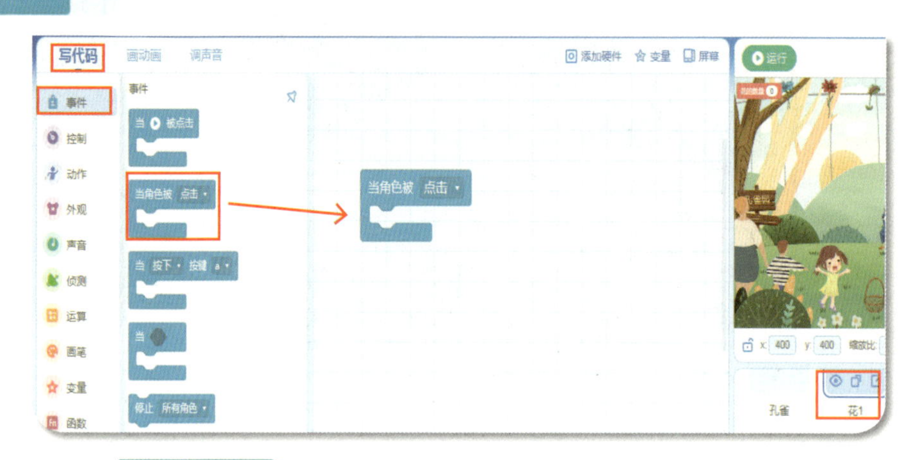


点击 当角色被 点击 积木里的三角形图标，点选“按住”选项。

(2) 将鼠标指针移至积木块类别区的“动作”类积木 设置角色阵营为 黄色阵营，在积木块选择区中找到积木，并把它拖曳到积木块编辑区 当角色被 按住 的肚子里。

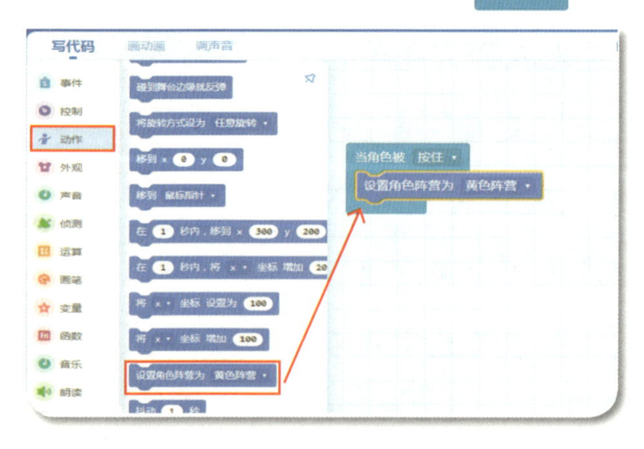


(3) 将鼠标指针移至积木块类别区的“控制”类积木，在积木块选择区中找到积木 重复执行直到，并把它拖曳到积木块编辑区，拼接到积木 设置角色阵营为 黄色阵营 的下方。

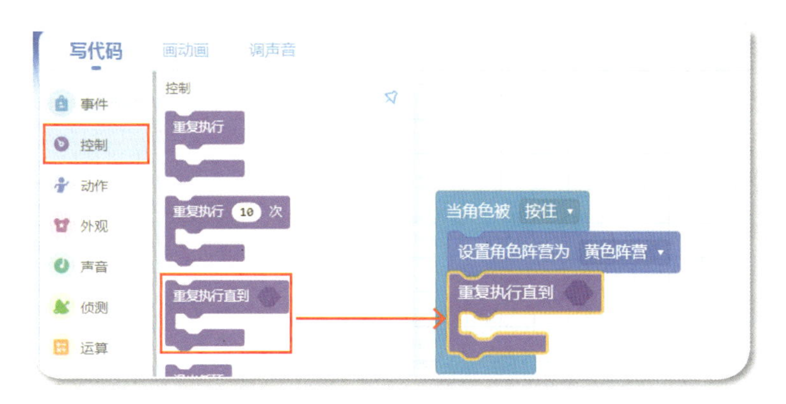


(4) 将鼠标指针移至积木块类别区的“侦测”类积木，在积木块选择区中找到积木 当前角色 被 点击 ，并把它拖曳到积木块编辑区积木 重复执行直到 的 里。

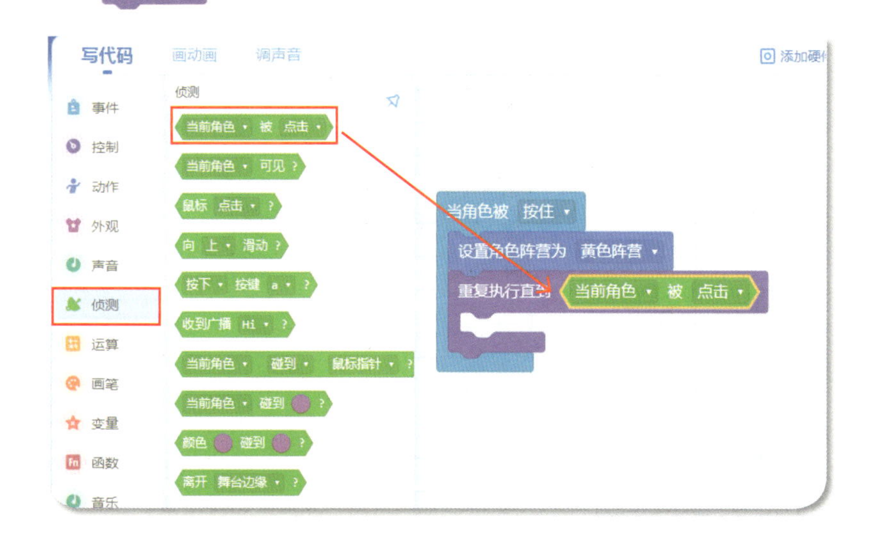


点选 当前角色 被 点击 积木里的“点击”按钮，点选“放开”选项。

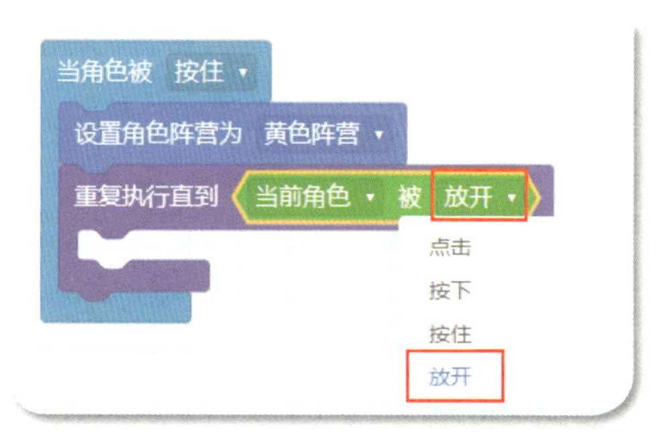


(5) 将鼠标指针移至积木块类别区的“动作”类积木，在积木块选择区中找到积木 移到 鼠标指针 ，并把它拖曳到积木块编辑区，拼接

到积木  的肚子里。



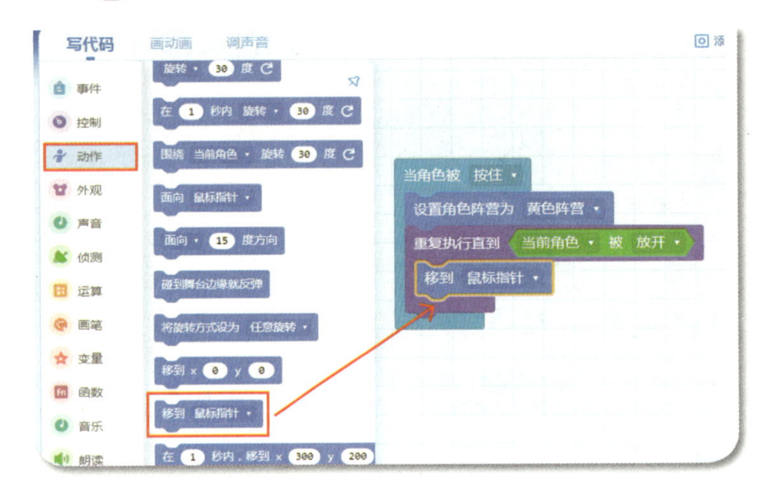


(6) 点击角色“花 2”图标，重复 (1) ~ (5) 的步骤拼接积木。

同样，点击角色“花 3”图标，重复 (1) ~ (5) 的步骤拼接积木。

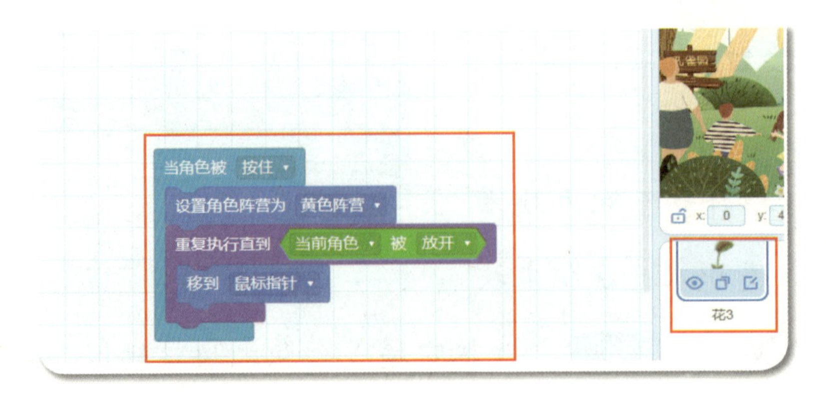

点击角色“花 4”图标，重复（1）~（5）的步骤拼接积木。

点击角色“花 5”图标，重复（1）~（5）的步骤拼接积木。

现在我们把所有的花都归为“黄色阵营”了，之后可以用“黄色阵营”代表所有的鲜花。

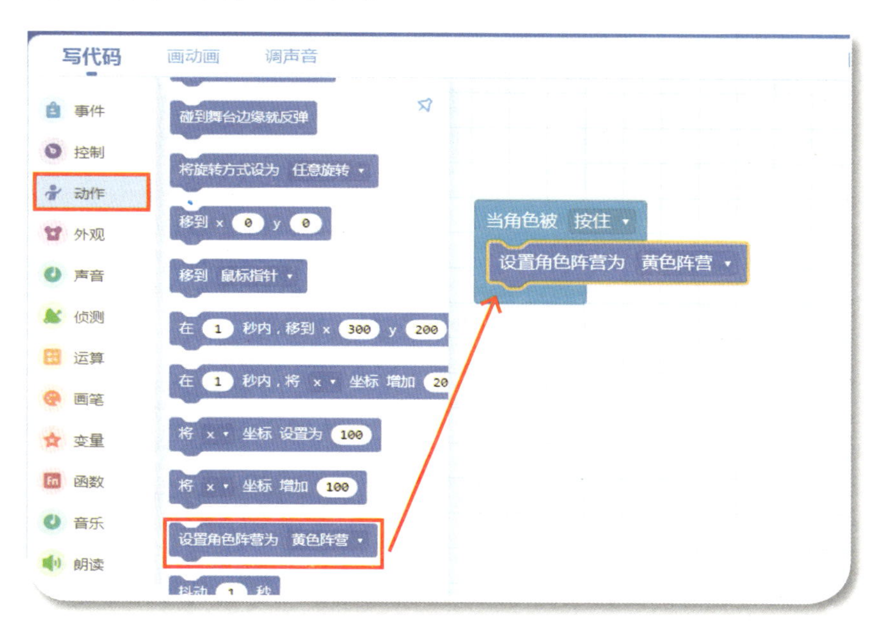

**步骤三：**设置花篮的阵营。

（1）点击角色“花篮”图标，点击“写代码”标签按钮；将鼠标指针移至积木块类别区的“事件”类积木，在积木块选择区中找到积木 当 被点击 ，并把它拖曳到积木块编辑区。

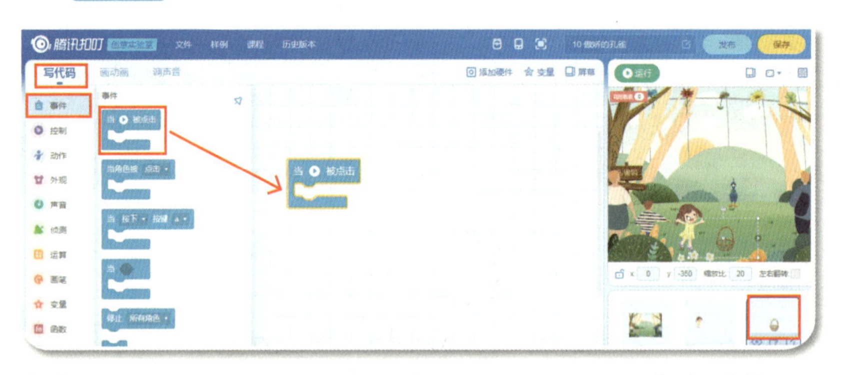


（2）将鼠标指针移至积木块类别区的“动作”类积木，在积木块选择区中找到积木 设置角色阵营为 黄色阵营 ，并把它拖曳到积木块编辑区 当 被点击 的肚子里。

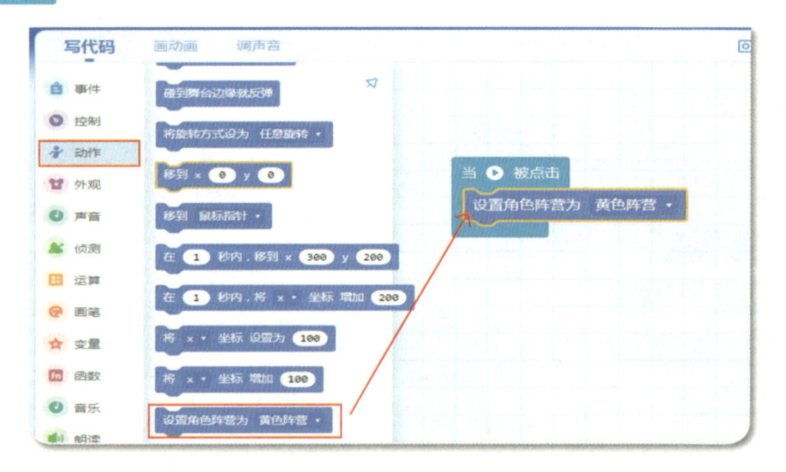


（3）点击积木 设置角色阵营为 黄色阵营 上的“黄色阵营”，选择“红色阵营”命令。当我们把花篮设置为“红色阵营”后，就可以用“红色阵营”代表花篮。

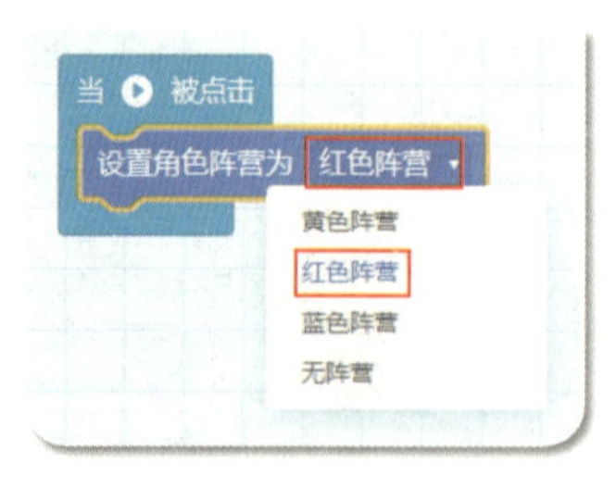

## 步骤四：

设置变量“花的数量”的初始值。将鼠标指针移至积木块类别区的“变量”类积木，在积木块选择区中找到积木 设置变量 花的数量 的值为 0，并把它拖曳到积木块编辑区，拼接到积木 设置角色阵营为 红色阵营 的下方。

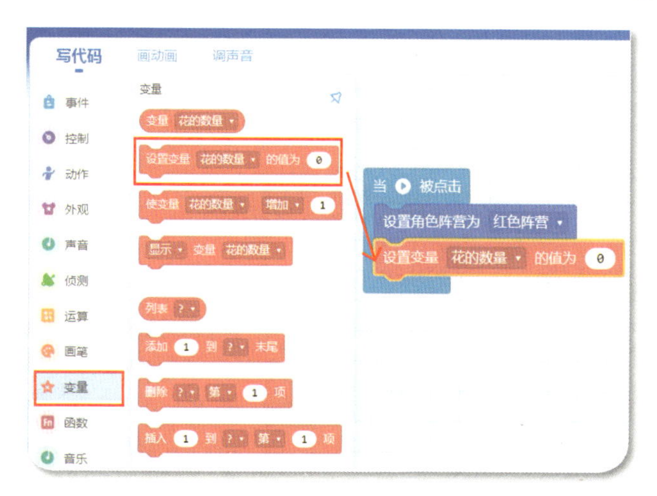


**步骤五：**接下来，我们要设置当花放到花篮里时，变量“花的数量”加1。

（1）点选角色“花篮”图标，在脚本编辑区中，将鼠标指针移至积木块类别区的“事件”类积木，在积木块选择区中找到积木 当 ，并把它拖曳到积木块编辑区。

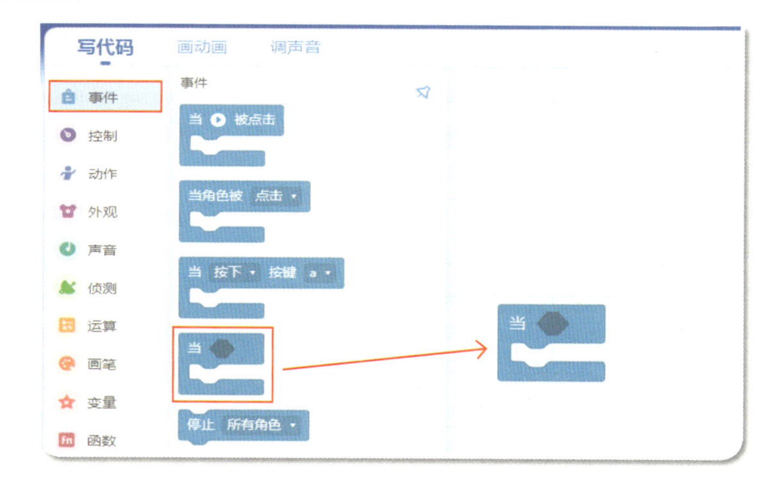

(2) 将鼠标指针移至积木块类别区的“侦测”类积木，在积木块选择区中找到积木 当前角色 碰到 鼠标指针 ?，并把它拖曳到积木块编辑区 当 积木“当”后的 里。

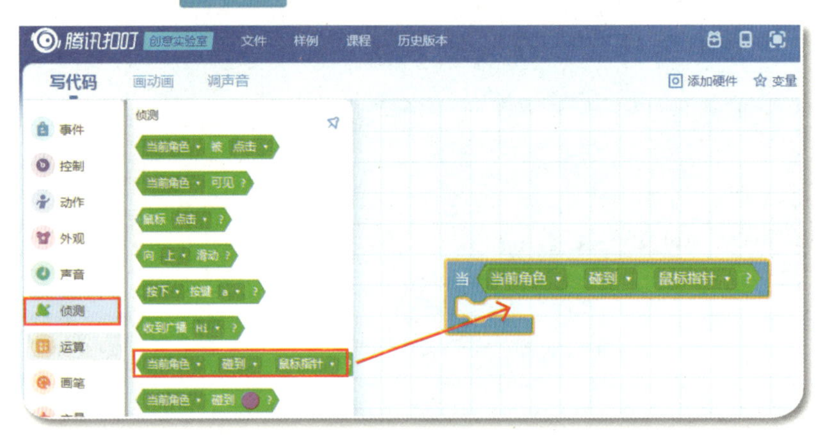


(3) 点击积木 当前角色 碰到 鼠标指针 ? 里的“当前角色”标签，点选“红色阵营”标签。

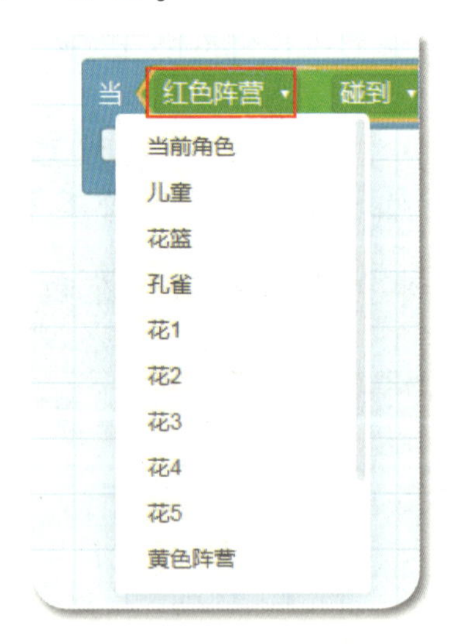


点击“碰到”标签，点选“开始碰到”命令。

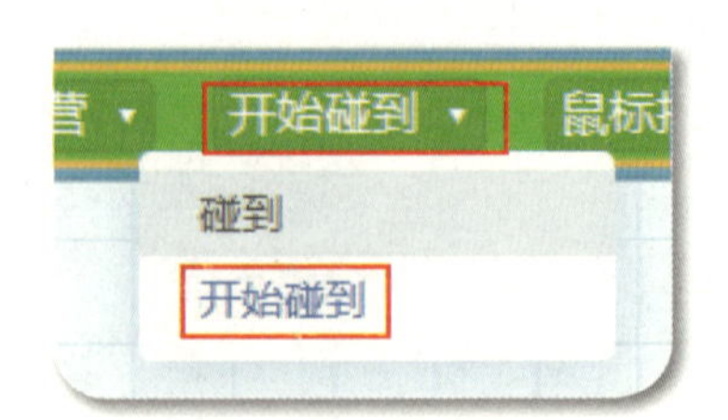

点击“鼠标指针”标签，点选“黄色阵营”命令。

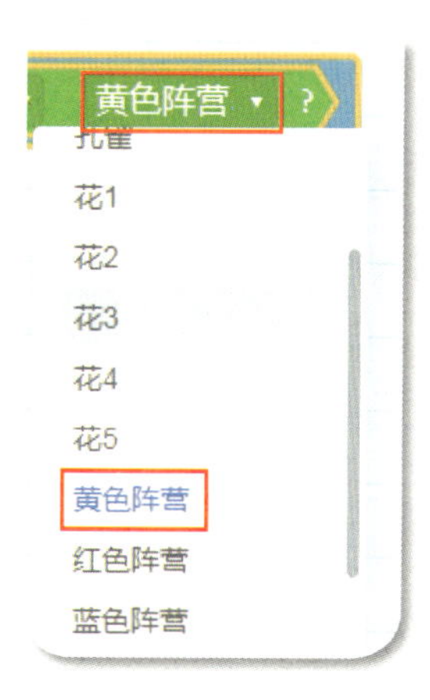


(4) 将鼠标指针移至积木块类别区的“变量”类积木，在积木块选择区中找到积木 使变量 花的数量 增加 1 ，并把它拖曳到积木块编辑区，拼接到积木 当 的肚子里。

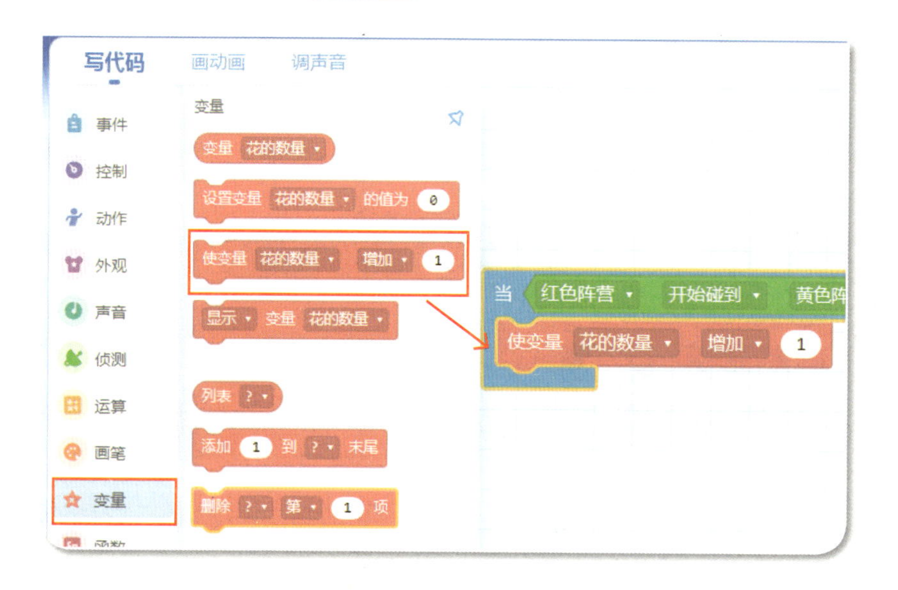


**步骤六：当儿童角色被点击时播放声音。**

(1) 点击角色“儿童”图标，点击“写代码”按钮；将鼠标指针移至积木块类别区的“事件”类积木，在积木块选择区中找到积木 当角色被 点击 ，并把它拖曳到积木块编辑区。

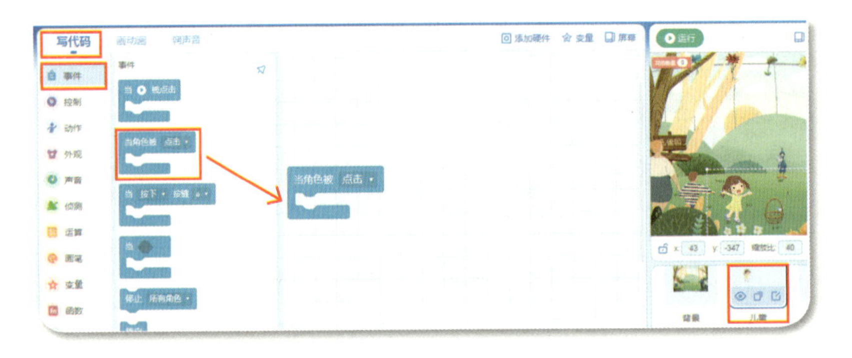

(2) 将鼠标指针移至积木块类别区的“声音”类积木，在积木块选择区中找到积木 播放声音 声音.m4a 直到结束 ，并把它拖曳到积木块编辑区，放到积木 当角色被 点击 的肚子里。

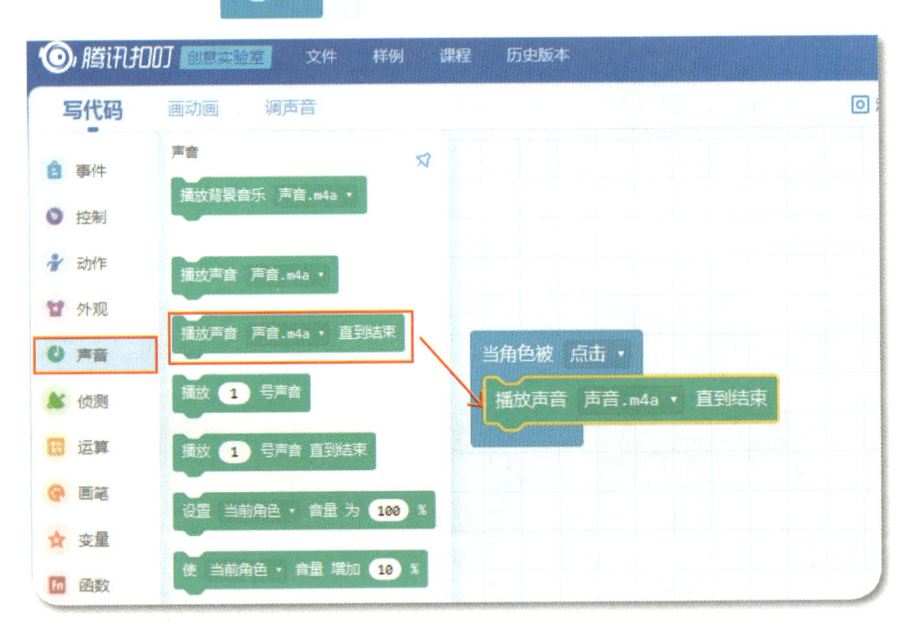


步骤七：设置孔雀开屏的条件：当声音播放完且“花的数量”等于3时，孔雀开屏。

(1) 点击角色“孔雀”图标，点击“写代码”按钮；将鼠标指针移至积木块类别区的“事件”类积木，在积木块选择区中找到积木 当 ，并把它拖曳到积木块编辑区。

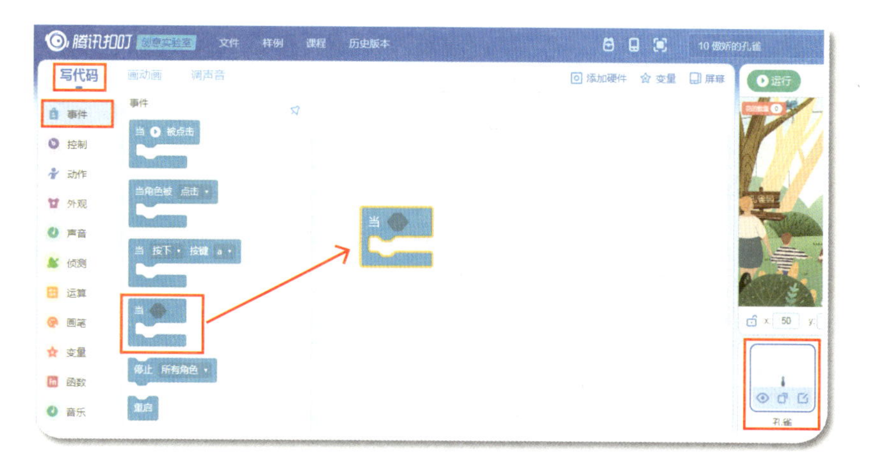


(2) 将鼠标指针移至积木块类别区的“运算”类积木，在积木块选择区中找到积木 并且 ，并把它拖曳到积木块编辑区的 当 “当”后的 里。

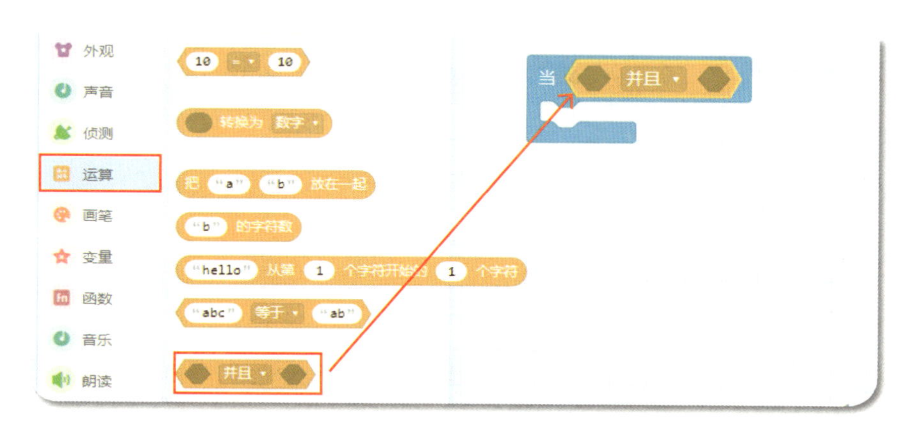


(3) 在“运算”类积木中找到积木 10 = 10 ，并把它拖曳到积木块编辑区 并且 的第一个空格里。

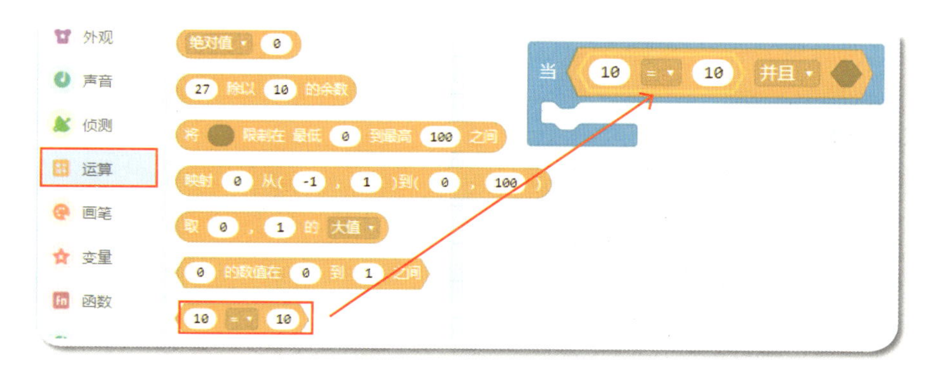

（4）在“变量”类积木中找到积木 变量 花的数量，并把它拖曳到积木块编辑区积木 10 = 10 的第一个空格里。在积木 10 = 10 的第二个空格中输入数“3”。

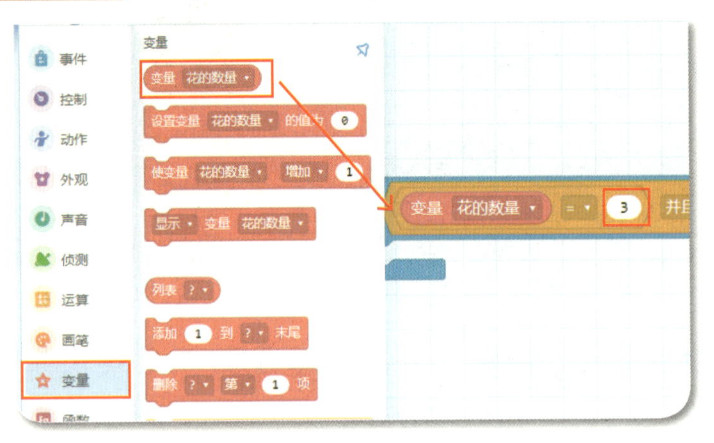


（5）将鼠标指针移至积木块类别区的“侦测”类积木，在积木块选择区中找到积木 当前角色 被 点击，并把它拖曳到积木块编辑区积木 并且 的第二个空格里。

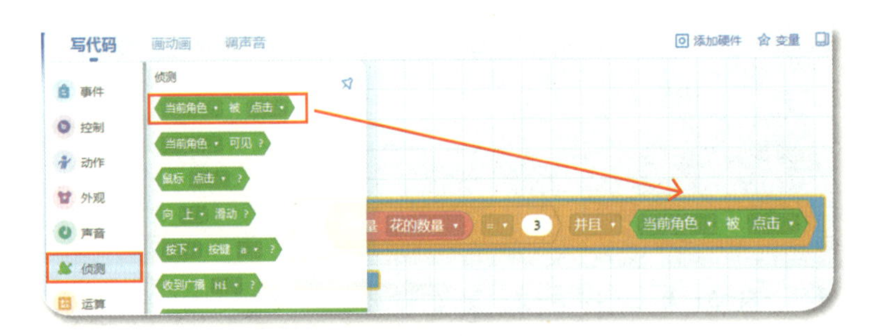


点击积木 当前角色 被 点击 里的“当前角色”，选择“儿童”选项。

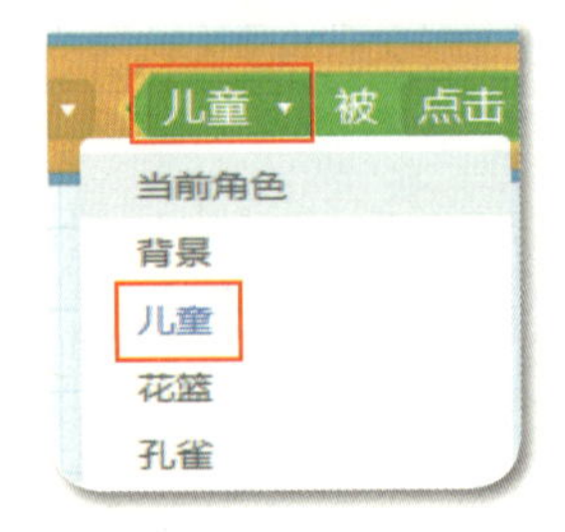

(6) 将鼠标指针移至积木块类别区的“控制”类积木，在积木块选择区中找到积木 等待 1 秒 ，并把它拖曳到积木块编辑区，拼接到积木 当 的肚子里。点击积木 等待 1 秒 的白框，输入数“4”。

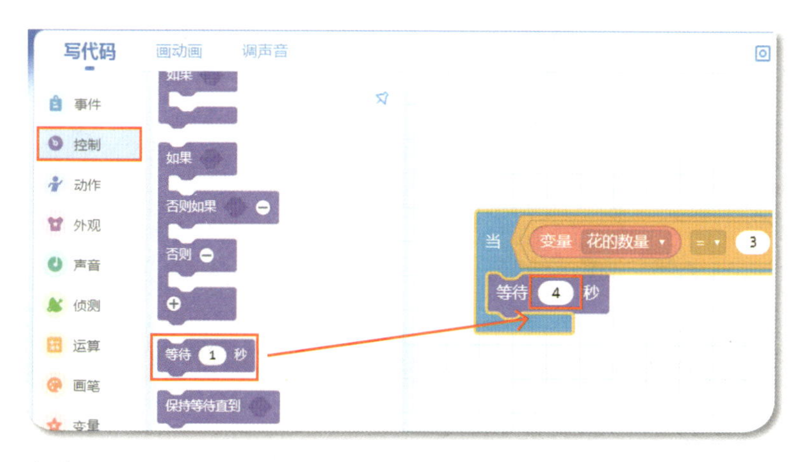


(7) 将鼠标指针移至积木块类别区的“外观”类积木，在积木块选择区中找到积木 切换到造型 造型1 ，并把它拖曳到积木块编辑区，拼接到积木 等待 1 秒 的下方。

点击积木 切换到造型 造型1 里的“造型 1”，点选“造型 2”命令。

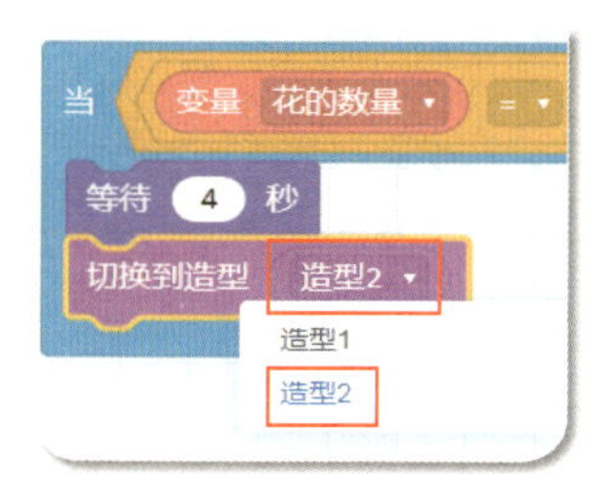

现在，所有动画都已完成。如果有 3 朵花放在花篮里，并且播放了小孩子的声音后，孔雀就开屏啦。

### 10.3.5 运行程序

点击舞台编辑区上方的“运行”按钮，看看动画的效果如何吧。

### 10.3.6 保存文件

完成了前面的编程，不要忘记保存这个作品哦。首先登录腾讯扣叮账户，然后点选菜单栏右边的 保存 按钮，程序就保存在腾讯扣叮账户里啦。

如果想让其他小朋友也看到我们的程序，就点击 发布 按钮，这样我们的作品就发布在腾讯扣叮平台上了。

如果我们想把作品保存到本地电脑里，可以点击菜单栏左边的“文件”按钮，选择“导出到电脑”命令，刚刚完成的作品就下载到电脑中了。

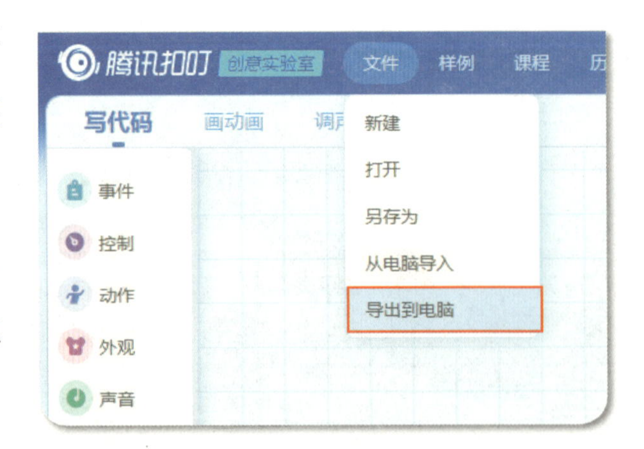

## 10.4 编程思路

现在，我们一起来回顾一下这次编程之旅吧。

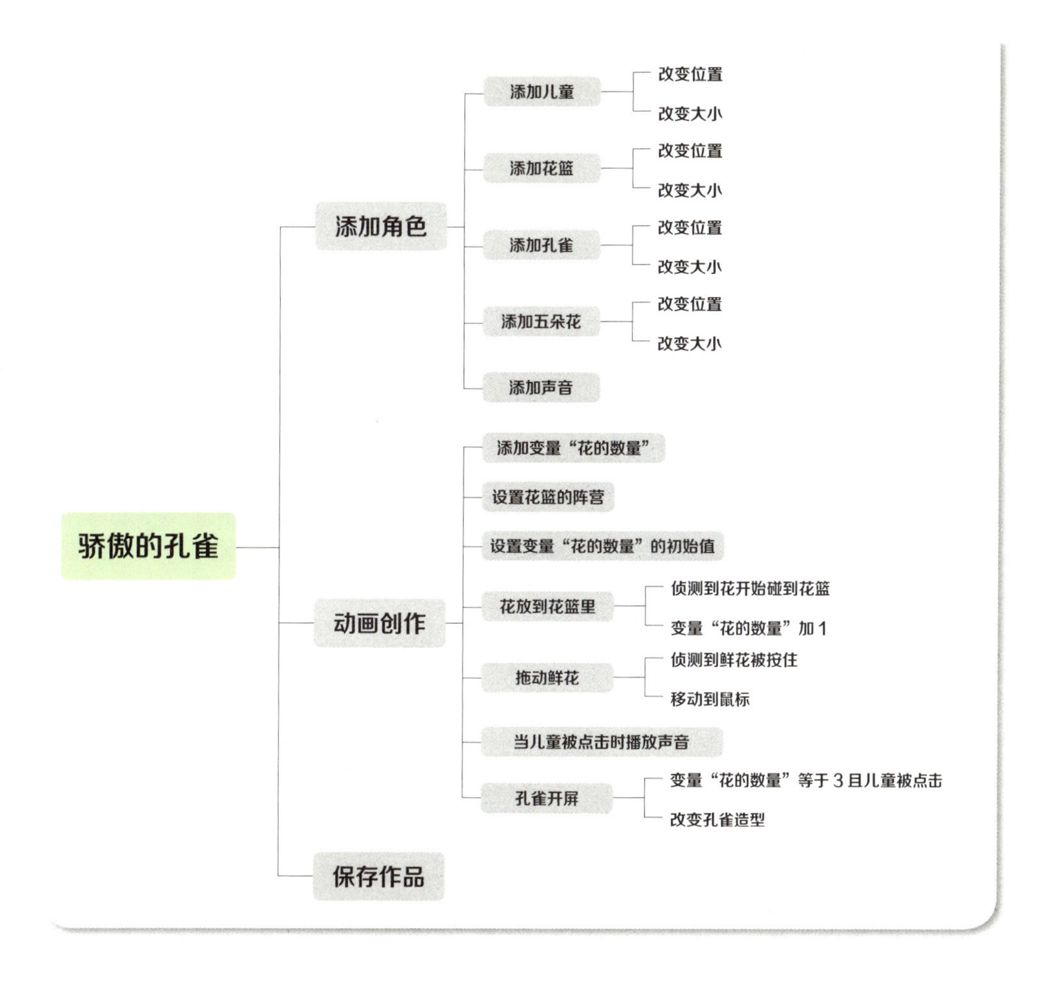

# 附录 A　腾讯扣叮环境使用说明

## A.1 怎样进入扣叮

有两种方法可以打开腾讯扣叮编程的大门。

第一种方法是使用网页版，搜索“腾讯扣叮”网站，找到“创意实验室”的“立即创作”按钮。点击后，就可以直接进入创作界面了。

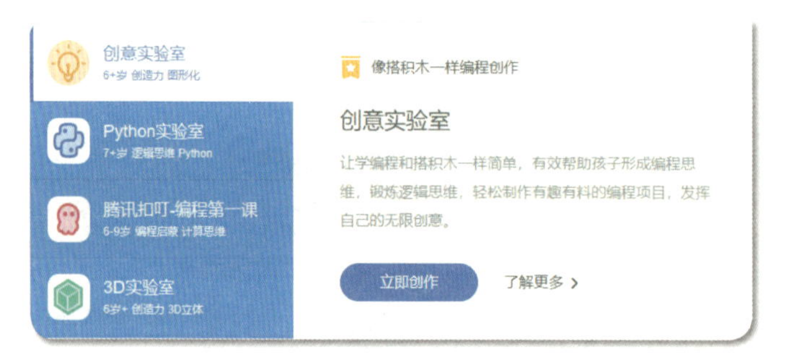


小朋友，如果你选择这种方式，最好让老师或者家长帮你收藏好这个网址，以后就不用重复输入了。

第二种方法是在自己电脑上安装客户端。与方法一相比，这个方法需要安装软件，但优势是如果安装成功后，即便不能上网仍旧可以进行编程创作。

同样进入“腾讯扣叮”网站，但这次要点击“立即创作”右侧的“了解更多 >”命令，就可以看到下载页面了。

点击 客户端下载 按钮，就会把客户端下载到计算机。当你看到这个图标 ，就表示下载成功了。

双击“创意实验室 – 腾讯扣叮”，就进入安装页面。

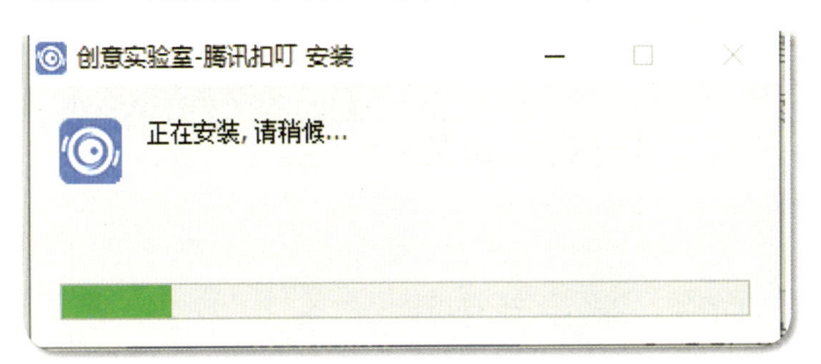


安装成功后，桌面会出现图标 。以后，每次点击图标就可以直接编程啦。

## A.2 逛一逛编程环境

接下来，我们一起熟悉一下扣叮环境吧。扣叮编程的界面主要由 3 大功能区构成，分别为菜单栏、脚本编辑区、舞台编辑区。

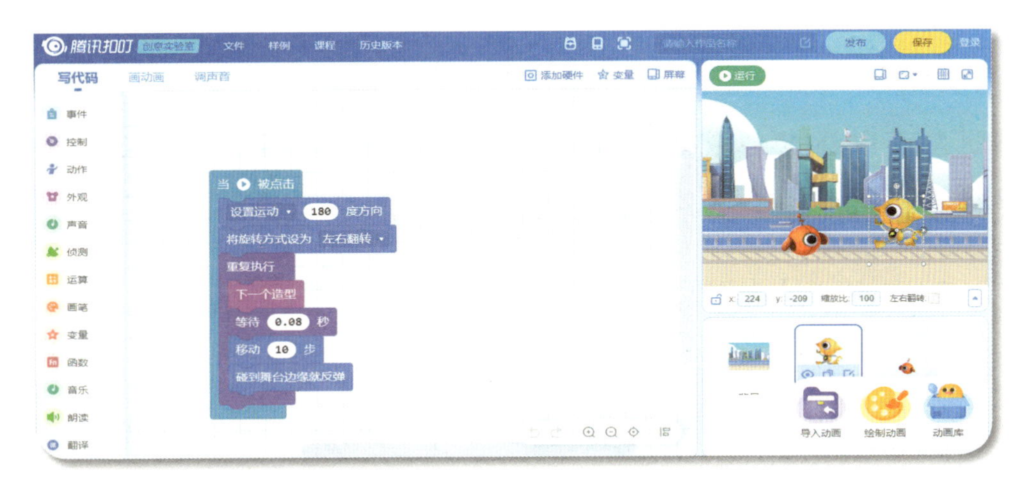


接下来，让我们具体认识一下每个功能区！

（1）菜单栏

菜单栏位于整体界面的最上方，主要由 5 部分组成，分别为文件、样例、课程、历史版本和快捷按钮。

① 文件

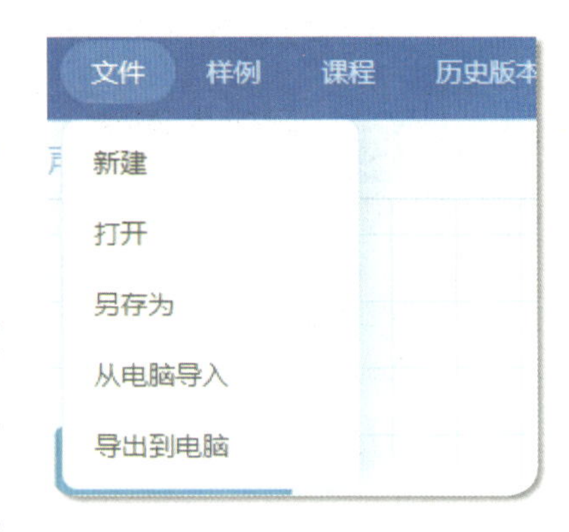


“文件”按钮包括“新建”“打开”“另存为”“从电脑导入”和“导出到电脑”5个命令。

● 点击“新建”命令，将会新创建一个属于自己的项目。这个项目是完全空白的，小朋友们可以发挥想象，进行创作。

● 点击“打开”命令，将打开一个已有的扣叮项目。项目包含已有的舞台、角色、声音和积木。

● 点击“另存为”命令，将会保存一个编辑好的项目。

温馨提示：“打开”和“另存为”这两个命令都需要我们登录扣叮。小朋友可以让老师或者家长帮忙，使用扣叮账号、QQ账号、微信账号或者腾讯教育账号完成登录。

● 点击“从电脑导入”命令，是打开一个已经保存到自己电脑上的项目。

● 点击“导出到电脑”，会将一个编辑好的项目直接保存到本地电脑上。

② 样例

点击“样例”按钮，你会看到扣叮为大家准备好的样例程序哦！这些样例程序，一方面可以给予小朋友们创作启发，另一方面也可以有助于小朋友在其基础上进行再创作。

③ 课程

点击“课程”按钮，你会看到扣叮为大家准备好的课程哦！

④ 历史版本

点击“历史版本”按钮，你可以看到扣叮对以前所编辑项目的历史版本。如果小朋友想对以前编辑的项目进行再次创作，就可以点击“历史版本”按钮。

⑤ 快捷按钮

在菜单栏的右半部分是菜单栏的快捷键按钮。

是“背包”按钮，小朋友可以将自己喜欢的角色素材放到背包里，需要时，点击背包即可选择自己保存的角色素材和代码。

是“手机预览”按钮，在登录的状态下，单击这个按钮，手机端能够进行预览和调试。

是“全屏”按钮，单击这个按钮可以将程序在电脑上全屏打开，获得更好的视觉体验效果。

请输入作品名称 是“搜索”按钮，在条形框中输入想要查找的作品，点击搜索就可以啦。

保存 是“保存”快捷按钮，在完成作品之后，可直接单击“保存”按钮进行保存，扣叮会把你的项目作品保存到电脑。

登录 是“登录”按钮，小朋友单击“登录”按钮之后，可以选择扣叮、QQ 或者微信等方式登录自己的账号。登录账号以后，就可以在账号上对自己的作品进行管理。

（2）脚本编辑区

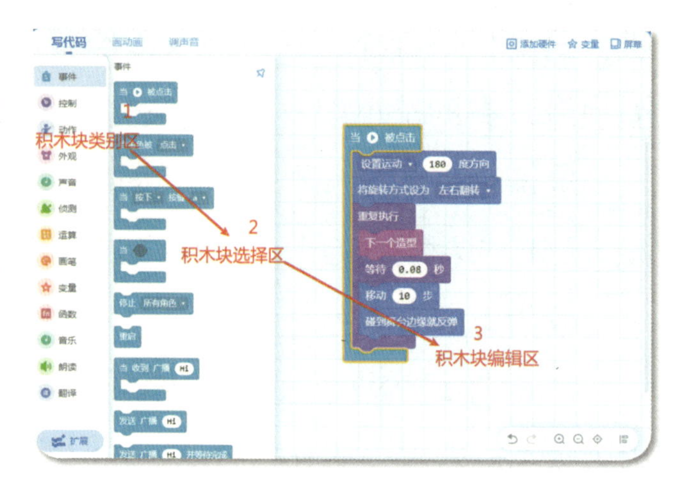


脚本编辑区是作品创作与编辑的主阵地。脚本编辑区左上方有“写代码”、“画动画”和“调声音”标签按钮，分别对应3个操作面板。右上方有“添加硬件”“变量”和“屏幕”快捷按钮。右下方还有6个关于操作与布局的快捷操作。

①“写代码”标签按钮

点击“写代码”标签按钮后，切换到积木块编辑面板，具体包括积木块类别区、积木块选择区、积木块编辑区。这3个区域在逻辑上呈递进的关系，在选择相应的积木块类别后，可进入相关积木块的选择区，选择合适的积木块之后拖进积木块编辑区，就可以对所选积木块进行搭建操作了。

温馨提示:（1）小朋友，你发现积木块类别区、积木块选择区、积木块编辑区颜色的一致性了吗？（2）积木块选择区的 有大作用，点击后，积木块选择区就不再消失了。

②“画动画”标签按钮

点击“画动画”标签按钮会切换到“背景与角色绘制”面板。在这里可以利用自己手绘、选择动画库现有素材，以及上传电脑中的素材等方式，创造或者选择自己喜欢的背景或角色。

③“调声音”标签按钮

点击“调声音”标签按钮会切换到“调声音”面板。小朋友们可以对程序中的音乐进行选择与编辑。

④ 右上方的快捷方式

添加硬件 可以将设置的游戏程序与硬件设备联系起来，在硬件设备上进行调试。

变量 可以直接设置相应的变量，查看变量信息。

屏幕 可以创建、导入或删除屏幕场景，或者直接跳转到下一屏幕场景中，实现环境的快速切换哦。

（3）舞台编辑区

舞台编辑区包括“舞台预览区”与“已选素材区”两部分。

① 舞台预览区

这是角色产生动作与交互的场所，舞台上通过设置适合的背景和角色，让动画在舞台预览区展现出来。

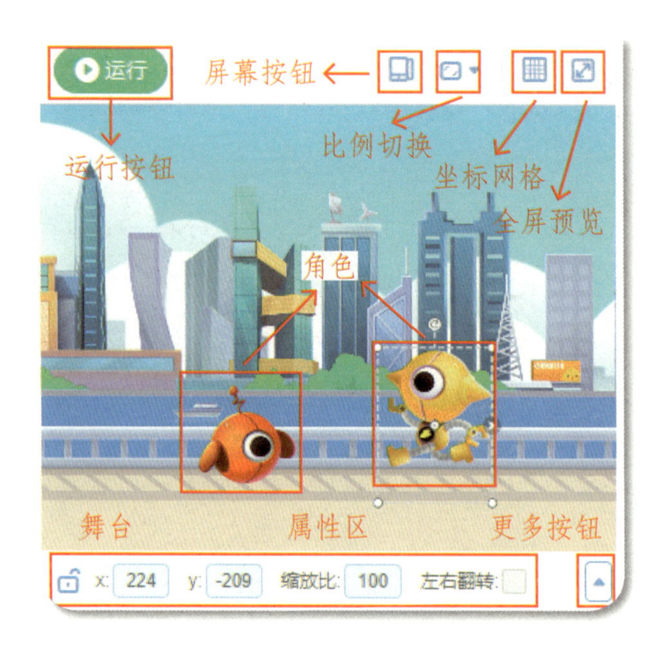


当点击 运行 按钮后，程序即进入运行阶段，舞台上将展示我们所编程的内容。

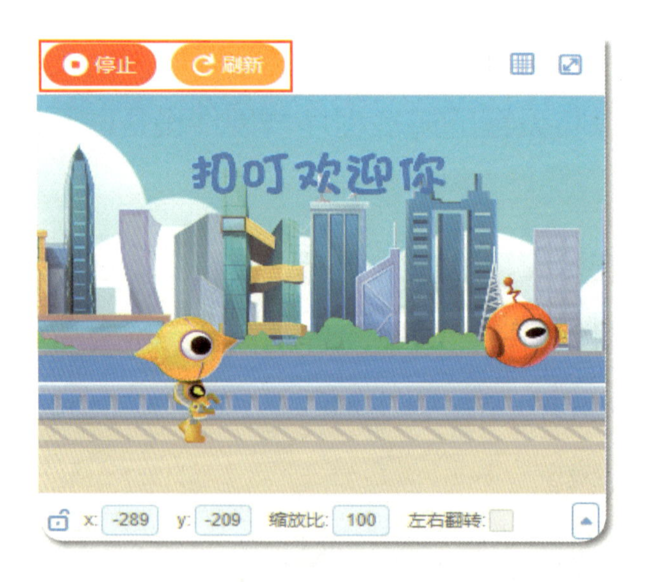


我们可以通过程序的运行情况，实时在脚本编辑区对我们的代码进行修改，修改完成后通过 刷新 按钮查看修改后的游戏效果。

在完成修改之后，可以通过 停止 按钮停止程序。同时舞台上方还有一些快捷按钮，可以进行屏幕切换、比例切换、坐标网格和全屏显示。

② 已选素材区

“已选素材区”是进行背景素材以及角色素材添加修改操作的场所，在“已选素材区”可以通过素材库、绘制动画、导入电脑素材等方式添加新的素材到我们的创作场景中。选中特定素材后，可在脚本编辑区为其添加相应的代码指令。